COLEÇÃO
CONSTRUÇÃO CIVIL NA PRÁTICA

REABILITAÇÃO PREDIAL

O GEN | Grupo Editorial Nacional – maior plataforma editorial brasileira no segmento científico, técnico e profissional – publica conteúdos nas áreas de ciências exatas, humanas, jurídicas, da saúde e sociais aplicadas, além de prover serviços direcionados à educação continuada e à preparação para concursos.

As editoras que integram o GEN, das mais respeitadas no mercado editorial, construíram catálogos inigualáveis, com obras decisivas para a formação acadêmica e o aperfeiçoamento de várias gerações de profissionais e estudantes, tendo se tornado sinônimo de qualidade e seriedade.

A missão do GEN e dos núcleos de conteúdo que o compõem é prover a melhor informação científica e distribuí-la de maneira flexível e conveniente, a preços justos, gerando benefícios e servindo a autores, docentes, livreiros, funcionários, colaboradores e acionistas.

Nosso comportamento ético incondicional e nossa responsabilidade social e ambiental são reforçados pela natureza educacional de nossa atividade e dão sustentabilidade ao crescimento contínuo e à rentabilidade do grupo.

COLEÇÃO
CONSTRUÇÃO CIVIL NA PRÁTICA

REABILITAÇÃO PREDIAL

VOLUME 2

Eduardo Linhares Qualharini

- O autor deste livro e a editora empenharam seus melhores esforços para assegurar que as informações e os procedimentos apresentados no texto estejam em acordo com os padrões aceitos à época da publicação, *e todos os dados foram atualizados pelo autor até a data de fechamento do livro.* Entretanto, tendo em conta a evolução das ciências, as atualizações legislativas, as mudanças regulamentares governamentais e o constante fluxo de novas informações sobre os temas que constam do livro, recomendamos enfaticamente que os leitores consultem sempre outras fontes fidedignas, de modo a se certificarem de que as informações contidas no texto estão corretas e de que não houve alterações nas recomendações ou na legislação regulamentadora.

- Data do fechamento do livro: 27/01/2020

- O autor e a editora se empenharam para citar adequadamente e dar o devido crédito a todos os detentores de direitos autorais de qualquer material utilizado neste livro, dispondo-se a possíveis acertos posteriores caso, inadvertida e involuntariamente, a identificação de algum deles tenha sido omitida.

- **Atendimento ao cliente: (11) 5080-0751 | faleconosco@grupogen.com.br**

- Direitos exclusivos para a língua portuguesa
  Copyright © 2020 by
  LTC | Livros Técnicos e Científicos Editora Ltda.
  Uma editora componente do GEN | Grupo Editorial Nacional

- Travessa do Ouvidor, 11
  Rio de Janeiro – RJ – 20040-040
  www.grupogen.com.br

- Reservados todos os direitos. É proibida a duplicação ou reprodução deste volume, no todo ou em parte, em quaisquer formas ou por quaisquer meios (eletrônico, mecânico, gravação, fotocópia, distribuição pela Internet ou outros), sem permissão, por escrito, da LTC | Livros Técnicos e Científicos Editora Ltda.

- Capa: Vinícius Dias
- Imagem de capa: Hugo Zambzickis
- Editoração Eletrônica: IO Design

- Ficha catalográfica

Q23r

  Qualharini, Eduardo Linhares
     Reabilitação predial / Eduardo Linhares Qualharini. - 1 ed. - Rio de Janeiro : LTC, 2020.
     – p. : il. ; 24 cm.   (Construção civil na prática ; 2)

     ISBN 9788595151116

     1. Construção civil. 2. Edifícios - Reformas. I. Título. II. Série.

19-61011   CDD: 690
                            CDU: 69.059

Leandra Felix da Cruz - Bibliotecária - CRB-7/6135

Agradecimentos

Inicialmente, às bolsistas Ana Claudia Cruz, Ana Paula Nascimento e Desireé Martins, que auxiliaram nas pesquisas e fichamentos, pelo inestimável apoio realizado, mesmo quando em férias, e nos finais de semana.

Também agradeço ao artefinalista Hugo Zambzickis e à arq. Isa Mello pela produção de material gráfico, assim como ao prof. João Appleton pela cessão de figuras e fotos que muito enriqueceram este trabalho.

Adicionalmente, faço um especial agradecimento aos engs. Luiz Oscar e Carla Mota, que contribuíram na revisão dos textos e formatação.

Finalmente, reconheço o apoio e incentivo oferecido pelos profs. João Lanzinha e Vasco Freitas, na consecução desta obra, sem o qual a minha jornada seria muito mais árdua.

Sobre o Autor

Professor titular da Escola Politécnica da Universidade Federal do Rio de Janeiro. Possui formação em Engenharia e Arquitetura e publicou mais de trezentos trabalhos nas mais diversas áreas da construção civil.

No presente, suas pesquisas têm foco em reabilitação predial, em razão da escassez de conhecimentos que existem para a preservação e recuperação de áreas degradadas.

Atualmente, é professor no Departamento de Construção Civil e Coordenador no GPAC – Grupo de Pesquisas do Ambiente Construído, onde desenvolve pesquisas de planejamento estratégico, quanto a acessibilidade, sustentabilidade e usabilidade na reabilitação do patrimônio edificado urbano.

Apresentação

Esta publicação trata da relevância na adoção de boas práticas para intervenções no bem edificado, oferecendo as informações pertinentes aos métodos, às regras e às rotinas necessárias à consolidação de práticas e conceitos de reabilitação.

O trabalho foi dividido em principais conceitos, apresentação de aspectos legais e normativos, procedimentos para avaliações nas intervenções, estudos de viabilidade para uma reabilitação, boas práticas para recuperação de patologias em edificações, técnicas contemporâneas para intervenções e considerações relevantes sobre o contexto da reabilitação.

Por fim, nesta obra, são indicadas as condições da gestão de uma intervenção, para as interfaces legais e normativas no ambiente construído, caracterizando padrões, condutas e diretrizes aplicáveis em obras de reparação, readequação e *retrofit*.

Prefácio

Ocorreu neste século uma mudança de paradigma, pois com o crescimento das cidades e a expansão dos centros urbanos, as antigas regiões edificadas passíveis de serem descartadas foram conduzidas à reabilitação e reintegradas à malha urbana, inclusive respeitando-se o seu valor histórico.

Assim, as intervenções realizadas, não importando a sua tipologia, mostram-se um campo de atividades e conhecimentos que vem assumindo uma importância crescente e estratégica, sobretudo quando se analisa o patrimônio edificado, quanto às práticas usuais de requalificação, que promoveriam a recuperação e a modernização de instalações e equipamentos.

Adicionalmente, a reabilitação também inclui em sua essência o conceito de restauração, na medida em que busca preservar os elementos que caracterizariam uma época, ou os aspectos históricos existentes no espaço urbano.

Complementando, não basta apenas conhecer os processos de intervenção, mas há de existir a previsão de que toda a benfeitoria urbana será, no futuro, reabilitada e deverá estar preparada para este procedimento.

Sumário

Agradecimentos	v
Sobre Autor	vii
Apresentação	ix
Prefácio	xi
Siglas	xv

Capítulo 1 Reabilitação e seus Conceitos — 1

1.1 Razões da reabilitação — 2
1.2 Definição de conceitos — 2
1.3 Níveis de intervenção — 5
1.4 Recomendações do capítulo — 16

Capítulo 2 Aspectos Legais e Normativos da Reabilitação — 17

2.1 A experiência internacional — 18
2.2 Legislação brasileira nos Planos Diretores — 19
2.3 Normas brasileiras nas reformas e manutenções de edificações — 24
2.4 Recomendações do capítulo — 29

Capítulo 3 Avaliação para Intervenções — 31

3.1 Pré-diagnóstico — 32
3.2 Diagnóstico — 33
3.3 Relatório final — 40
3.4 Plano das intervenções — 47
3.5 Recomendações do capítulo — 48

Capítulo 4 A Viabilidade da Reabilitação — 49

4.1 Barreiras e condicionantes — 50
4.2 Degradação pelo uso — 52
4.3 Patologias — 53

xiv *Sumário*

4.4	Mudança do perfil do usuário	56
4.5	Análise de viabilidade	63
4.6	Recomendações do capítulo	77

Capítulo 5 As Boas Práticas na Recuperação de Patologias em Reabilitações   **79**

5.1	Patologias em sistemas estruturais	80
5.2	Patologias em revestimentos argamassados	87
5.3	Patologias em revestimentos cerâmicos	91
5.4	Patologias de revestimentos em pintura	98
5.5	Patologias em coberturas e telhados	103
5.6	Patologias em elementos construtivos	105
5.7	Patologias em sistemas prediais	116
5.8	Recomendações do capítulo	119

Capítulo 6 As Práticas na Reabilitação, com o Uso de Técnicas Contemporâneas   **123**

6.1	Reabilitação de estruturas	124
6.2	Reabilitação de coberturas e caixilhos	132
6.3	Reabilitação de revestimentos	134
6.4	Reabilitação de pisos	140
6.5	Reabilitação de sistemas hidrossanitários	143
6.6	Reabilitação de redes prediais	146
6.7	Recomendações do capítulo	149

Capítulo 7 Considerações na Reabilitação   **151**

7.1	Reabilitação predial, sem restauração	152
7.2	Reabilitação predial, com restauração	153
7.3	Boas práticas da reabilitação predial	154
7.4	Reflexões finais	155

Bibliografia   **157**

Glossário   **161**

Siglas

ABNT	Associação Brasileira de Normas Técnicas
ART	Anotação de Responsabilidade Técnica
CAU	Conselho de Arquitetura e Urbanismo
CIB	Comissão Intergestores Bipartite
CONAMA	Conselho Nacional do Meio Ambiente
CREA	Conselho Regional de Engenharia e Agronomia
IBAPE	Instituto Brasileiro de Avaliações e Perícias de Engenharia
INEPAC	Instituto Estadual do Patrimônio Cultural
IPHAN	Instituto do Patrimônio Histórico e Artístico Nacional
IRPH	Instituto Rio Patrimônio da Humanidade
NBR	Norma Brasileira
NR	Norma Regulamentadora
RCC	Resíduos da Construção Civil
RCD	Resíduos de Construção e Demolição
RILEM	União Internacional de Laboratórios e Peritos em Materiais de Construção, Sistemas e Estruturas
RRT	Registro de Responsabilidade Técnica
SMMA	Secretaria Municipal do Meio Ambiente
SMU	Secretaria Municipal de Urbanismo

CAPÍTULO 1

Reabilitação e seus Conceitos

SUMÁRIO

1.1 Razões da Reabilitação
1.2 Definição de Conceitos
1.3 Níveis de Intervenção
1.4 Recomendações do Capítulo

1.1 Razões da reabilitação

O empenho na valorização de um patrimônio edificado, pela reabilitação das construções existentes, passou a ser uma prática no meio urbano, conduzindo à requalificação dos espaços edificados, devido ao abandono e à consequente degradação destas áreas, e formando enclaves em antigos centros urbanos, por sua condição envelhecida e carência de preservação.

Contudo, também a degradação urbana pode ocorrer em lugares que cresceram de modo acelerado e muito além dos seus limites físicos, sem terem uma expansão organizada e de qualidade. Tal fato conduz a um esvaziamento demográfico destas áreas pela desqualificação, tanto das benfeitorias quanto da inadequada infraestrutura, gerando problemas de habitabilidade, e consequentemente de marginalidade e segurança.

Entretanto, o reconhecimento da importância sociocultural do patrimônio arquitetônico urbano passa pela promoção de intervenções que conduzam a um novo paradigma local, promovendo um equilíbrio tanto dos valores físico-econômicos, quanto dos socioambientais.

Paralelamente, torna-se fundamental estabelecer um rumo para se preservar o patrimônio natural ou construído, visando utilizar os recursos disponíveis e conferir-lhes uma renovação que permita torná-los contemporâneos.

1.2 Definição de conceitos[1]

Ao longo do tempo, as benfeitorias urbanas sofrem progressivas degradações decorrentes da vida útil, ora pelo desgaste na utilização prevista, ora pela condição decorrente dos usos inadequados.

---

[1] MORAES, V. T. F.; QUELHAS, O. L. G. O Desenvolvimento da Metodologia e os Processos de um "Retrofit" Arquitetônico. *Revista Sistema e Gestão*, 7, p. 448-461.

Assim, torna-se necessário o desenvolvimento de processos de reabilitação urbana integrada, sob uma perspectiva da *Usabilidade* nos espaços edificados, com foco em uma racionalização das intervenções, procurando-se resguardar o ciclo de vida e atender aos conceitos básicos, elencados no Quadro 1.1.

QUADRO 1.1 Definições conceituais

DEFINIÇÕES CONCEITUAIS	
Construterapia	Ações específicas para sanar patologias.
Diagnóstico	Caracterização das patologias, considerando as causas e definição da urgência no reparo e na apreciação da origem das degradações.
Profilaxia	Conjunto de procedimentos visando a correção de anomalias.
Usabilidade	Ação de equilíbrio nos usos, premiando segurança, funcionalidade e desempenho.

Neste contexto, a Reabilitação pode ser considerada como uma reforma gerenciada em uma construção, para a sua adaptação às atividades requeridas na vida útil da edificação, ou então para proporcionar a modernização de suas funcionalidades, além de possibilitar a implantação das tecnologias contemporâneas disponíveis.

A Reabilitação tem múltiplos contornos e facetas, pois transita no conhecimento da técnica construtiva empregada e na oferta dos materiais utilizados na sua execução, além do conhecimento da cultura construtiva do local *versus* a inserção do bem edificado na malha urbana, observando a melhor opção de como deve ser a intervenção.

Assim, a seguir são apresentados os conceitos usuais na Reabilitação, onde indica-se a diferença entre as definições, que são muitas vezes utilizadas em formas equivocadas.

As intervenções para reabilitações representam um grande desafio, exigindo conhecimento multidisciplinar e a participação de profissionais experientes, além de adoção de uma metodologia de intervenção e, em muitos casos, também a elaboração de métodos específicos de trabalho para atender à legislação. Entretanto, a maior dificuldade a ser superada será a complexidade orgânica dos processos, que envolvem a análise do que seria viável, com o reconhecimento de materiais e de processos executivos, incluindo o cálculo dos custos

4 CAPÍTULO 1

QUADRO 1.2 Conceitos usuais

CONCEITOS USUAIS	
Beneficiação	Reabilitação para melhorar o desempenho inicial da edificação, agregando valor através de intervenções diretas (alterações na aparência ou na estrutura), ou indiretas (alterações no meio em que estiver inserida).
Conservação	Conjunto de ações para manter ou reparar o desempenho da edificação.
Manutenção	Conjunto de ações para conservar ou recuperar a funcionalidade da edificação e de suas partes constituintes, podendo ser preventiva ou corretiva.
Modernização	Ações de intervenção que têm foco na inserção do bem construído em formas contemporâneas, aliada à implantação de avanços tecnológicos.
Readequação	Visa atender as demandas de uso para um ciclo social ou econômico de uma edificação, com intervenções que permitam uma melhoria na usabilidade.
Reconstrução	Construir novamente as partes perdidas ou em risco de colapso.
Recuperação	Ações para corrigir ou eliminar patologias.
Reforma	Intervenção que busca recuperar a forma original.
Reparação	Intervenção para corrigir anomalias localizadas.
Restauração	Conjunto de medidas para recuperar a concepção original ou de uma época marcante da história da edificação, respeitando-se o seu significado estético e artístico.
Retrofit	Termo técnico que significa voltar ao que era, mas com atualização tecnológica, propiciando incorporar sistemas e materiais contemporâneos, prolongando a vida útil e a funcionalidade das benfeitorias.

e a regularização perante as exigências legais, além de equalizar as possíveis restrições locais, para a realização das intervenções.

A seguir, apresentamos um esquema da sequência lógica e progressiva da realização de ações em Reabilitação.

Vale ressaltar que o conceito de Reabilitação deve ser adaptado às contingências regionais, pois, com a progressão das intervenções e a partir da sua escala de grandeza, deve-se reconhecer e respeitar as manifestações sociais representadas no entorno da edificação, visando conservar e valorizar as heranças culturais e imateriais, mesmo que diante da necessidade de adequação ou de modernização.

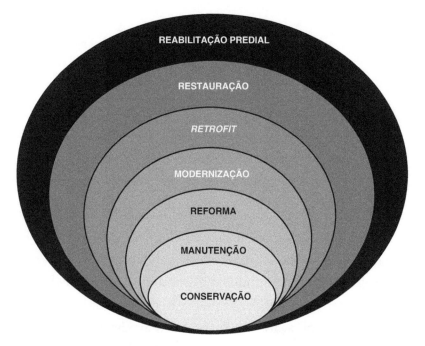

FIGURA 1.1   Sequência lógica das ações de reabilitação.

1.3 Níveis de intervenção[2]

As intervenções em edificações dependem das suas características, sendo possível graduar a reabilitação para que se tenha noção do tamanho do trabalho a ser executado. O tipo de readequação dependerá da magnitude das alterações e reparos desejados, para atender as demandas determinadas. Portanto, ocorrem pequenos ajustes ou grandes intervenções, em função de três condições, a seguir indicadas.

Assim, no envelope externo ocorre um conjunto de elementos construtivos que estarão em contato com todo o entorno edificado, ou seja, os acessos, as fachadas e as circulações de uma construção. Portanto, o desempenho é influenciado pelas características do meio em que estiver inserido, afetando diretamente as condições de habitabilidade. Atualmente, na execução de uma intervenção do tipo *retrofit*, existem opções de diversos sistemas construtivos,

---

[2] MARINHO, M. J. P. S. *Reabilitação predial em Portugal e no Brasil.* 2011. Dissertação (Mestrado integrado em Engenharia Civil) - FEUP, Porto, p. 11-12.

FIGURA 1.2 Condicionantes dos níveis de intervenção.

com materiais e equipamentos, capazes de melhorar o desempenho e atender as demandas exigidas, e que devem ser analisados à luz dos que seriam mais exequíveis.

Também, nas edificações, as condições de habitabilidade se referem ao conforto dos usuários em geral, existindo hoje uma ampla variedade de equipamentos que poderiam permitir atender as mais variadas exigências nas instalações hidrossanitárias, de iluminação, ventilação e demais sistemas complementares, sejam estas físicas ou processuais.

Quanto à adequação do comportamento estrutural, deve-se garantir a segurança dos bens e de pessoas, portanto, nas edificações, a identificação e o tratamento de patologias que afetem o conjunto do sistema estrutural devem ser priorizados. Não obstante, muitas vezes estas medidas não recebem a atenção adequada, por resultarem em interferências no uso dos espaços e não apresentarem melhorias palpáveis. Neste quesito, é importante a identificação das intervenções possíveis e dos riscos existentes para uma reabilitação, que podem ter influências, como mostrado no Quadro 1.3.

QUADRO 1.3 Fatores que influenciam uma reabilitação

FATORES QUE INFLUENCIAM UMA REABILITAÇÃO
A determinação de seu objetivo para os critérios técnicos mínimos.
A edificação ser um bem ou um conjunto urbano tombado.
A identificação dos tipos de sistemas construtivos existentes nas benfeitorias.
A escala da intervenção (ex: andar, edifício ou quarteirão).
A avaliação das patologias existentes e as suas condições de segurança.
A interpretação dos benefícios para a habitabilidade.

A reabilitação de uma benfeitoria pode ocorrer para reparar suas patologias ou para aumentar o seu desempenho no que diz respeito à usabilidade, visando conforto e acessibilidade, ou, ainda, na recuperação de uma exigência estrutural, ou no atendimento aos anseios dos usuários. Contudo, para a escolha dos métodos, devem-se levar em consideração dois critérios:

1. Impacto existente das patologias no desempenho da edificação.
2. Análise das técnicas disponíveis, quanto ao tipo e duração, para conserto das anomalias, podendo estas serem classificadas em quatro grupos, de acordo com a sua gravidade (ver Figura 1.3).

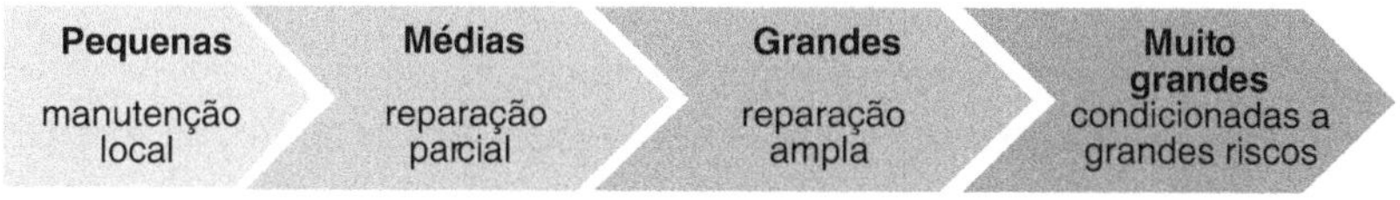

Pequenas	Médias	Grandes	Muito grandes
manutenção local	reparação parcial	reparação ampla	condicionadas a grandes riscos

FIGURA 1.3 Classificação das reabilitações, quanto à gravidade da intervenção.

Nos quatro grupos da figura, são adotados dois critérios:

1. Critério geral:
   a) Onde se observam as consequências da patologia e o método de tratamento.
2. Critério de análise de seus componentes funcionais:
   a) Nos <u>elementos primários,</u> como em alvenarias, pisos, revestimentos na correção em pequenas patologias, bastando uma limpeza ou a sua própria substituição, sendo de fácil realização, mas limitado a pequenas áreas.
   b) Nos <u>elementos secundários,</u> como esquadrias, peças de acabamento e vedações, que influenciariam apenas na aparência, desde que estas não estejam em colapso. Nestes acabamentos deve-se identificar se há uma desagregação superficial ou acúmulo de oxidação e/ou sujeira. Mas, quando nos elementos complementares de acabamento de instalações e de maquinários, estas patologias normalmente surgem em decorrência de um conjunto de falta de manutenção, evoluindo para a necessidade de reparos, com ou sem substituição do elemento comprometido.

A Figura 1.4 apresenta um exemplo de pequena patologia primária em um piso, com perda de seção de cerâmica por má qualidade da base.

FIGURA 1.4   Patologia primária em piso de uma calçada.

Entretanto, quando ocorrerem patologias médias deve-se proceder à execução de pequenos reparos, que recomporiam pontualmente os elementos afetados sem haver, no entanto, a necessidade de substituí-los no conjunto (Figura 1.5).

FIGURA 1.5   Patologia média necessitando reparação pontual de fachada.

Entretanto, quando ocorrerem grandes patologias, que possam oferecer riscos à segurança e exigir uma ampla intervenção nos elementos atingidos, isto

FIGURA 1.6   Patologia grande com reparação em extensas áreas.

pode conduzir à substituição de extensas áreas. Nesta circunstância, a remoção de revestimentos situados em altas cotas, quando em colapso, pode provocar a queda de placas, o que exigiria uma avaliação dos riscos materiais ou físicos. A Figura 1.6 mostra um exemplo dessa saturação.

Por fim, quando surgirem patologias em elementos primários estruturais e que apresentem riscos por uma grande deterioração, se faz necessário isolar a área e verificar o grau de risco e de urgência para proceder ao início das intervenções. A seguir, temos na Figura 1.7 um exemplo de necessidade de proteções por uma patologia primária e de grande porte.

Para caracterizar o conjunto de patologias que conduzem a uma reabilitação, apresenta-se a seguir o Quadro 1.4.

Dentre os critérios de análise de elementos funcionais nas reabilitações, pode-se indicar a sua ocorrência em função dos tipos de materiais e processos construtivos comparando-os com as patologias resultantes. Para tanto, no Quadro 1.5, indica-se uma distribuição destas ocorrências.

Após a caracterização das patologias, também se pode definir o nível de intervenção essencial para alcançar os objetivos almejados, sendo as ações classificadas em quatro níveis conforme a Figura 1.8.

FIGURA 1.7 Patologia muito grande, primária e estrutural.

QUADRO 1.4 Impactos das patologias nas edificações

IMPACTOS DAS PATOLOGIAS NAS EDIFICAÇÕES PATOLOGIAS × CRITÉRIOS GERAIS					
PATOLOGIAS		**PEQUENAS**	**MÉDIAS**	**GRANDES**	***MUITO GRANDES***
Critérios gerais	Consequências	Impacto visual	Afetam a usabilidade	Indicam risco de acidentes em ampla área	Configuram risco de acidentes de alta gravidade
	Reparo	Limpeza ou intervenções pontuais	Substituição/ intervenção parcial	Substituição/ intervenção extensa	Substituição/ intervenção total

Fonte: Adaptado de Marinho (2011).

QUADRO 1.5 Critérios de análise de componentes funcionais

	PATOLOGIAS	PEQUENAS	MÉDIAS	GRANDES	MUITO GRANDES
Critérios de análise de componentes funcionais	Elementos pontuais	Pequenas áreas	Facilmente perceptíveis, com danos localizados	Impacto considerável, podendo gerar acidentes	Alta deterioração com perda de elementos, representando risco ao conjunto estrutural
	Elementos secundários	Impacto visual	Interferência na funcionalidade ou diminuição da durabilidade	Impacto considerável, com possíveis acidentes	Alta deterioração com inexistência de manutenção, oferecendo riscos à segurança
	Revestimentos e acabamentos	Desgaste ou aspecto visual desagradável	Danos em regiões bem demarcadas	Degradação em grandes áreas e risco de queda de elementos	Risco de queda em grande escala
	Instalações	Afetam apenas o caráter estético	Degradação localizada	Degradação em grandes trechos e que prejudicam o funcionamento	Degradação generalizada e inoperabilidade

Fonte: Adaptado de Marinho (2011).

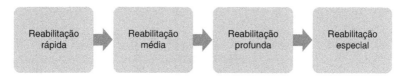

FIGURA 1.8 Fluxograma escalar de uma reabilitação.

a) Nível 1: reabilitação rápida

Esta reabilitação ocorre quando o estado de conservação da benfeitoria se apresenta aceitável, não sendo necessário reparar ou substituir os elementos a serem recuperados. Caracteriza-se pela execução de pequenas reparações ou por melhoria das instalações e equipamentos já existentes, sem que haja maiores interferências no bem edificado.

No presente, muitas edificações usam para atender a este quesito a colocação de um *mainframe*, onde podem ser fixados elementos de vedação e acabamento que ofereceriam uma condição de reabilitação rápida e a custos acessíveis.

FIGURA 1.9 Limpeza de telhas e calhas, reabilitação rápida.
Fonte: © Manit Larpluechai | 123rf.com.

As intervenções de reabilitações rápidas são caracterizadas nas ações indicadas na Figura 1.10.

FIGURA 1.10 Caracterização das intervenções de reabilitações rápidas.

b) Nível 2: reabilitação média

Neste nível, além de atender as condições de uma reparação rápida, torna-se necessária uma reforma parcial ou total da edificação, podendo incluir mudanças no *layout* interno, mas mantendo o seu uso original.

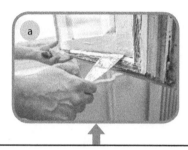

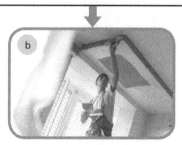

FIGURA 1.11 Intervenções de reabilitação média.
Fonte: a) © Wabeno | 123rf.com.; b) © Kasto | 123rf.com. e c) © Mrtwister | 123rf.com.

Porém, ainda que seja possível executar a maior parte das intervenções, em reabilitações médias, sem retirar os usuários das edificações, podem ocorrer casos pontuais que gerariam maiores incômodos conduzindo provisoriamente à condição de realojar os usuários.

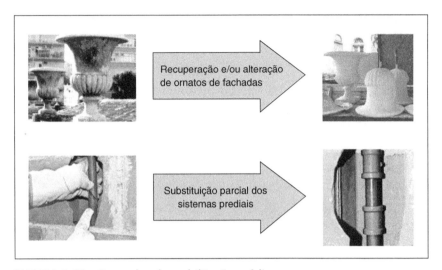

FIGURA 1.12   Exemplos de reabilitação média.

c) Nível 3: reabilitação profunda

Nesta situação, as ações necessárias têm dimensão significativa, ocorrendo demolições e reconstruções de paredes divisórias, elementos estruturais e até pavimentos. Estas obras implicam a implantação, em pequena escala, de materiais novos e alterações de soluções construtivas, exigindo a desocupação do edifício, por período significativo.

Para ilustrar as intervenções de reabilitação profunda apresenta-se a Figura 1.13(a),(b) e (c).

d) Nível 4: reabilitação especial

Estas intervenções têm maior amplitude do que nos casos anteriores e o custo de sua execução é significativo, sendo até comparável ou superior ao custo da construção de uma nova benfeitoria, desde que com características semelhantes. E, antes da sua realização, deve-se analisar o valor patrimonial e a utilidade do bem edificado onde ocorrerá a reabilitação. Entretanto, caso não exista a necessidade de preservação por tombamento

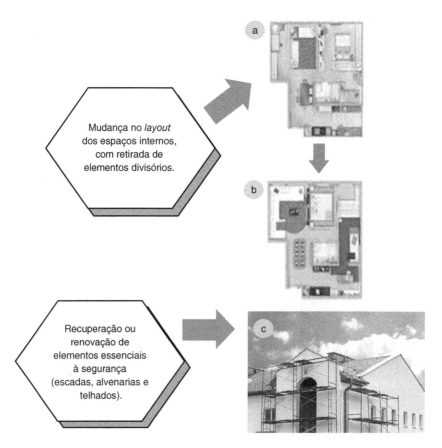

FIGURA 1.13 Intervenções de reabilitações profundas.
Fonte: c) © Mrtwister | 123rf.com.

ou o resultado final não atenda às expectativas dos usuários, é indicado estudar a viabilidade da demolição das benfeitorias ou a sua substituição por novas benfeitorias (construções). Deve-se realçar que, por vezes, as benfeitorias apresentam grande deterioração, caminhando para um colapso. Assim, existe uma urgência com graves riscos e nenhuma intervenção de reabilitação especial deveria ser protelada ou iniciada sem uma clara definição do resultado esperado.

Para ilustrar as intervenções de reabilitação especial apresenta-se a Figura 1.14.

FIGURA 1.14   Intervenções de reabilitação especial.

1.4 Recomendações do capítulo

Nas reabilitações será fundamental o reconhecimento dos aspectos locais, quanto às patologias, identificando-as com adequada terminologia e verificando o impacto e a duração das intervenções a serem realizadas.

O gestor de uma reabilitação deve ter especial atenção quanto à compatibilização dos materiais e a estrutura físico-química das benfeitorias a serem recuperadas.

Na ausência de restrições quanto a elementos únicos ou tombados deve-se analisar o limite do equilíbrio entre o desempenho, as condições de habitabilidade e os anseios dos usuários, prevendo desde a recuperação até a eliminação com descarte do elemento edificado.

Todas as intervenções realizadas em uma reabilitação devem ter foco na sustentabilidade presente e na futura renovação do patrimônio construído.

CAPÍTULO 2

Aspectos Legais e Normativos da Reabilitação

SUMÁRIO

2.1 A Experiência Internacional
2.2 Legislação Brasileira nos Planos Diretores
2.3 Normas Brasileiras nas Reformas e Manutenções de Edificações
2.4 Recomendações do Capítulo

O objetivo de um planejamento urbano é definir como promover a expansão ordenada de uma região, ao mesmo tempo em que poderia reduzir as desigualdades sociais. Assim, é papel dos governos definir metas de acordo com as necessidades de cada localidade, tendo como instrumento principal a criação de um conjunto de diretrizes denominado de "Plano Diretor". Vale ressaltar que não existem procedimentos ideais, pois cada área urbana tem as suas próprias características, e uma mesma solução possivelmente não atenderá a todas as demandas. Portanto, deve existir uma legislação eficiente. Nisso, é essencial que existam canais de comunicação entre o governo, os técnicos e os representantes de setores da sociedade, visando identificar e equilibrar os diversos interesses nas reabilitações.

2.1 A experiência internacional

A adoção de legislações específicas referentes à prática de reabilitação começou no início do século XX, quando a Inglaterra implantou o *Housing and Town Planning Act*, em 1909, seguida da França que criou a Lei Cornudet, em 1919. Entretanto foi logo após a Segunda Guerra Mundial que os demais países da Europa viram a necessidade de organizar a reconstrução de suas cidades, para tanto aprovaram leis detalhadas quanto ao desenvolvimento urbano, visando definir com clareza os direitos e obrigações dos proprietários urbanos, quanto às transformações de seus terrenos e benfeitorias.

Mas, independentemente do interesse nas intervenções, as cidades e regiões implantaram códigos que equilibram o patrimônio edificado e preservação histórica, visando atender a uniformização e as demandas urbanas. Neste quesito, no Quadro 2.1 são identificadas cronologicamente algumas legislações internacionais presentes no direito urbanístico.

QUADRO 2.1 Primeiras legislações urbanísticas internacionais

ANO	PAÍS	LEGISLAÇÃO
1909	Inglaterra	*Housing and Town Planning Act*
1919	França	Lei Cornudet
1942	Itália	*Legge Urbanistica*
1947	Inglaterra	*Town and Country Planning Act*
1954	França	*Code de l'Urbanisme et de l'Habitation*
1956	Espanha	*Ley del Regimen del Suelo y Ordenación Urbana*
1960	Alemanha	*Bundesbaugesetz* (Lei Federal de Ordenação Urbanística)
1976	Chile	*Ley General de Urbanismo y Construcciones*
1976	México	*Ley General de Asentamientos Humanos*
1988	Brasil	Legislação Brasileira para Planos Diretores
1989	Colômbia	*Ley de Reforma Urbana*

2.2 Legislação brasileira nos Planos Diretores

2.2.1 Na Constituição Federal do Brasil, de 1988

A Constituição Federal de 1988 tornou obrigatória a criação de um Plano Diretor, que deve ser executado pelo Poder Público Municipal, para todas as cidades com mais de vinte mil habitantes, especificando as competências da União, dos Estados e dos Municípios.

Assim, o planejamento e a gestão de áreas urbanas ganharam maior importância no meio político, pois a União, os Estados e o Distrito Federal devem legislar concorrentemente sobre direito urbanístico, sendo que as competências da União, referentes à ordenação do território, são de:

1. Elaborar e executar planos nacionais e regionais de ordenação do território e de desenvolvimento econômico e social (Art. 21, IX).
2. Instituir diretrizes para o desenvolvimento urbano, inclusive habitação, saneamento básico e transportes urbanos (Art. 21, XX).

Quanto aos Municípios na sua política urbana, estes têm a responsabilidade de:

1. Suplementar a legislação federal e a estadual no que couber (Art. 30, II).
2. Promover, no que couber, adequado ordenamento territorial, mediante planejamento e controle do uso, do parcelamento e da ocupação do solo urbano (Art. 30, VIII).

Entretanto, apesar de tornar obrigatória a criação de Planos Diretores, a Constituição de 1988 não determinou prazos para a execução ou penalizações para o descumprimento desta Lei, e apenas alguns municípios o fizeram.

Em 2001, foi decretado o *Estatuto da Cidade*, que, então, estipulou o prazo máximo para elaboração dos Planos Diretores em cinco anos, a partir do momento em que entrasse em vigor o *Estatuto da Cidade*, que foi primeira regulamentação a nível nacional referente à intervenção em reabilitação urbana, que até então era uma responsabilidade exclusiva dos municípios (Lei n° 10.257, de 10/07/2001).

Contudo, em comparação com a legislação de outros países, a brasileira surgiu de forma tardia e ainda se apresenta incompleta, pois não contém mecanismos que incentivem e ofereçam compensações na reabilitação de áreas degradadas.

Porém, o *Estatuto* indica um extenso conjunto de instrumentos para guiar a elaboração de um Plano Diretor, em um conjunto de regras na orientação da construção nos espaços urbanos, com a intenção de que sejam atendidos os interesses coletivos e os princípios da participação da sociedade na sua consecução.

E, para compreensão das demandas por Planos Diretores, apresenta-se a seguir a Figura 2.1, com os percentuais em demandas, em 2015.

Assim, pode-se indicar que entre os 5.570 municípios brasileiros existem pelo menos 37% que têm a necessidade de fazer um Plano Diretor, para que sejam atendidas as condições de reabilitação urbana nas áreas devolutas e degradadas.

Para complementar, indica-se no Quadro 2.2 algumas leis federais na legislação urbanística.

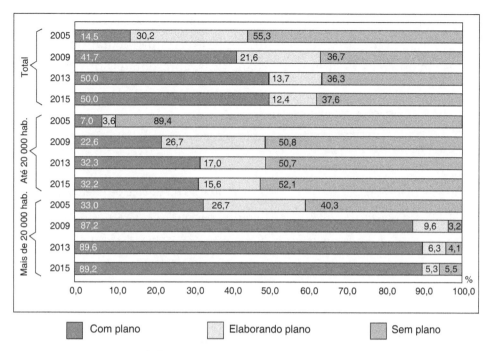

FIGURA 2.1 Percentual de municípios no Brasil, com até 20.000 e com mais de 20.000 habitantes, por situação de elaboração do Plano Diretor (2005/2015).
Fonte: Instituto Brasileiro de Geografia e Estatística (IBGE), 2015.

QUADRO 2.2 Legislações urbanísticas

Lei nº 6.766, 19 de dezembro de 1979	Parcelamento do solo urbano
Lei nº 10.257, 10 de julho de 2001	Estatuto da Cidade
Medida Provisória nº 2.220, 4 de setembro de 2001	Criação do Conselho Nacional de Desenvolvimento Urbano (CNDU)
Lei nº 11.977, 7 de julho de 2009	Programa Minha Casa Minha Vida (PMCMV) e regularização fundiária em áreas urbanas

Todavia, não há uniformidade nas legislações, tanto pela falta de aplicações, como também pela não participação crítica dos interessados (população), principalmente nos grandes projetos, que influenciaram substancialmente os Planos Diretores ora existentes.

Pelas legislações indicadas, espera-se que haja integrações nas políticas setoriais das cidades, permitindo, então, suprir a oferta de infraestrutura nos assentamentos irregulares e propiciar a reabilitação de áreas e de benfeitorias urbanas. Para tal, foi desenvolvido um conjunto complementar de disciplinas jurídicas em apoio às Legislações Urbanísticas, apresentadas no Quadro 2.3.

QUADRO 2.3 Legislações complementares

Legislações complementares	
Lei n° 4.771, 15 de setembro de 1965	Código florestal
Lei n° 10.438, 26 de abril de 2002	Universalização do serviço de energia elétrica
Lei n° 11.445, 5 de janeiro de 2007	Diretrizes nacionais para o saneamento básico
Lei n° 12.305, 2 de agosto de 2010	Política Nacional de Resíduos Sólidos

2.2.2 Edifícios tombados

O tombamento é uma medida de proteção do patrimônio edificado, que inclui, além dos edifícios, sítios arqueológicos, jardins históricos e monumentos, em geral. Esta proteção se dá por sua importância no contexto histórico e artístico, que avalia as benfeitorias, por sua excepcionalidade no que tange ao projeto e a sua importância na formação de cada região urbana.

O tombamento surgiu na França no século XIX, visando proteger os edifícios remanescentes do período monárquico que sofriam depredações e abandono. Para tanto, foram mobilizados autoridades e artistas, que procuraram compreender o quanto essas edificações eram importantes para a nação, no processo histórico da formação da identidade de uma região.

Neste contexto, o processo de tombamento no Brasil ocorre em três instâncias, quais sejam a Municipal — que protege o tecido urbano, preservando contribuições históricas representativas no âmbito dos bairros —; o tombamento Estadual — que apresenta uma perspectiva de tombamento dos elementos no âmbito da região ou do estado, e está mais dirigido aos conteúdos arquitetônicos que tenham valores locais e regionais —; e o tombamento Nacional, este relacionado com uma visão da nação como um todo, e visa proteger os seus elementos formadores, nas formas físicas e culturais arquitetônicas, em diversos períodos.

Entretanto, podem ocorrer em algumas circunstâncias a participação de duas, ou até destas três instâncias.

Assim, o tombamento propicia uma série de condições para as ações de intervenções no conjunto edificado urbano, que passa a demandar projetos específicos a serem analisados e aprovados pelos órgãos de patrimônio[1] e depois analisados quanto às suas especificidades.

No tombamento Municipal podem as edificações ser classificadas em prédios com tombamento individual, a serem protegidos e preservados, nos quais as restrições geralmente estão relacionadas mais à manutenção do conjunto edificado do que à paisagem urbana, mas procurando caracterizar os períodos importantes quando na formação dos bairros. Geralmente demandam a permanência nas volumetrias, fachadas e coberturas, permitindo, sob certas condições, a intervenção interna, mas preservando a forma original do envoltório dos edifícios. Em situações especiais, também podem ocorrer acréscimos, cujos critérios devem ser harmonizados com o bem tombado. Entretanto, os tombamentos nacionais e estaduais são bem mais restritivos, sendo considerados com maior rigor técnico no respeito aos espaços, tanto internos como externos, e aos seus materiais construtivos e às técnicas empregadas.

2.2.3 A prática do tombamento

No Brasil, o IPHAN (Instituto do Patrimônio Histórico e Artístico Nacional), através da Portaria 420/2010, dispôs sobre os procedimentos a serem observados para a concessão de autorização para realização de intervenções em bens edificados tombados e nas respectivas áreas de entorno. Para conseguir autorização de uma intervenção, as intervenções são classificadas nas seguintes categorias:

---

[1] O tombamento no Brasil se iniciou oficialmente em 1937, com o IPHAN (Instituto do Patrimônio Histórico e Artístico Nacional). No Rio de Janeiro, os órgãos de proteção são o INEPAC (Instituto Estadual do Patrimônio Cultural) e no âmbito municipal o IRPH (Instituto Rio Patrimônio da Humanidade).

1. Reforma simplificada.
2. Reforma/construção nova.
3. Restauração.
4. Colocação de equipamento publicitário ou sinalização.
5. Instalações provisórias.

Assim, ao requerer a autorização para uma intervenção, o interessado deverá apresentar os documentos pertinentes, de acordo com a categoria de intervenção, e a obra só poderá ser iniciada após o recebimento do parecer técnico de aprovação.

2.3 Normas brasileiras nas reformas e manutenções de edificações

A Associação Brasileira de Normas Técnicas (ABNT) é uma associação privada, mas com capacidade reconhecida pelo governo brasileiro para elaborar as Normas Brasileiras (NBRs), que estabelecem regras, diretrizes ou orientações para garantir a qualidade de um produto ou processo. As NBRs passam por revisões de acordo com a necessidade da sociedade e com a evolução dos materiais e processos.

Algumas leis e normas regulamentadoras exigem o cumprimento de normas da ABNT. Porém, uma vez que são elaboradas por uma instituição privada, as NBRs essencialmente são indicativas e obrigatórias.

Além disso, o Código de Defesa do Consumidor estabelece na Seção IV, Artigo 39, inciso VIII: *"É vedado ao fornecedor de produtos e serviços colocar, no mercado de consumo, qualquer produto ou serviço em desacordo com as normas expedidas pelos órgãos oficiais competentes ou, se normas específicas não existirem, pela Associação Brasileira de Normas Técnicas – ABNT, ou outra Entidade credenciada pelo Conselho Nacional de Metrologia, Normalização e Qualidade Industrial – CONMETRO."* Assim, se não houver regulamentação técnica específica, as NBRs se tornam referência nos parâmetros de qualidade para as intervenções prediais.

2.3.1 NBR 16280 – Reforma em edificações – Sistema de gestão de reformas

Esta norma é aplicável somente a reformas em edificações, seja em partes comuns ou em unidades privativas, e tem como objetivo garantir que as condições de uso e segurança sejam adequadas.

Assim, as intervenções que alterem ou comprometam as condições da edificação devem ser informadas à construtora/incorporadora e ao projetista, se estiverem dentro do prazo decadencial, pois também poderiam gerar danos ou prejuízos aos usuários da edificação ou ao seu entorno.

Por conseguinte, os processos a serem executados devem ser descritos de forma detalhada e objetiva, com a definição dos responsáveis e das suas respectivas atribuições em todas as fases, além da previsão dos recursos necessários.

Assim, quando aplicável, as intervenções devem ser registradas e aprovadas nos órgãos competentes antes do início de uma reforma, quando o profissional habilitado deve submeter o *Plano de Reforma* ao responsável legal da edificação.

Este plano deve apresentar os impactos gerados nos sistemas e equipamentos, atendendo às legislações e normas técnicas vigentes. Além disso, deve-se garantir o escopo e a integridade, tanto da edificação quanto dos usuários, durante e após a execução da obra.

Na Figura 2.3 estão listados os requisitos que deveriam ser abordados em um plano de reforma.

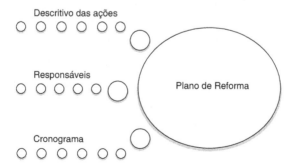

FIGURA 2.2 Plano de reforma em edificações, detalhado na Figura 2.3.

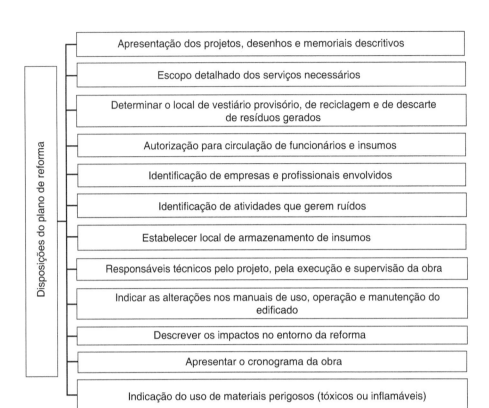

FIGURA 2.3 Requisitos a serem abordados em um plano de reforma.

Cumpre lembrar que condições e padrões de segurança devem permanecer em funcionamento durante a execução de toda e qualquer obra de reforma, não podendo ocorrer obstrução das saídas de emergência e de sistemas auxiliares, como mangueiras de incêndio. Se necessário, rotas de fuga temporárias podem ser implementadas.

Entretanto, o ideal é que, no caso da necessidade de alterar o escopo da reforma, a obra deva ser interrompida nos locais que sofreram alterações e o plano seja refeito, e novamente submetido a uma avaliação e a uma nova aprovação.

Outro requisito muito importante é que toda documentação de obras de reforma seja arquivada, vinculando-a a um manual de uso, operação e manutenção da edificação. Neste os registros devem ser legíveis e estar acessíveis à consulta, informando os detalhes da obra, as datas de execução, os fornecedores e o local de arquivamento.

Também, quando existirem reformas em unidades privativas que afetem a estrutura, as vedações e seus sistemas devem ser documentados e comunicados ao responsável legal da edificação. Para ilustrar este procedimento, são relacionadas as incumbências na Figura 2.4.

Para sequenciar os registros necessários a um desenvolvimento dos serviços foi elaborado um diagrama, apresentado na Figura 2.5.

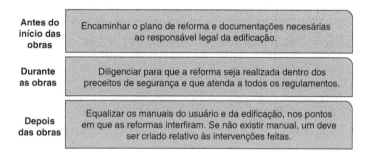

FIGURA 2.4 Incumbências ou encargos na reforma de unidade autônoma.

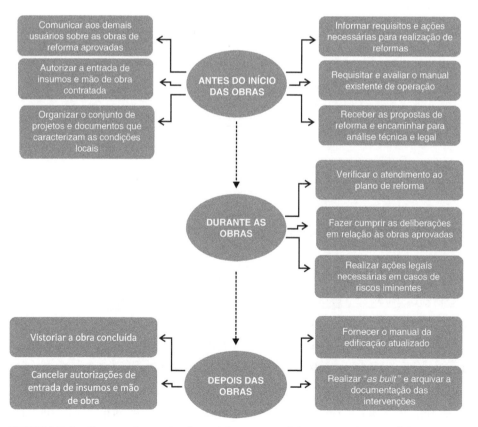

FIGURA 2.5 Sequenciamento de registros necessários para o desenvolvimento de serviços.

2.3.2 NBR 5674 – Manutenção de edificações – Requisitos para o sistema de gestão de manutenção

O objetivo desta norma é estabelecer requisitos para a gestão do sistema de manutenção de edificações, incluindo mecanismos para preservar as características originais da edificação e prevenir a perda de desempenho decorrente da degradação dos seus sistemas. Assim, as edificações devem ter um sistema de gestão de manutenção ou se adequar aos requisitos necessários.

A gestão do sistema de manutenção deve considerar as características das edificações, na sua tipologia, uso efetivo dos espaços, tamanho e complexidade dos sistemas, localização e implicações do entorno.

Também deve ser prevista a infraestrutura material, financeira e de recursos humanos para atender os diferentes tipos de manutenção, como está indicado na Figura 2.6.

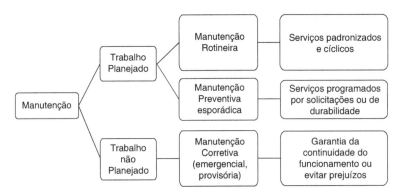

FIGURA 2.6 Fluxograma do planejamento de manutenções.

No programa de manutenção devem ser indicados os diferentes tipos de serviços, especificando se a execução será por empresa capacitada, especializada ou por equipe local. Quanto às inspeções necessárias, determinadas no programa, estas devem ser realizadas a intervalos regulares, com modelos elaborados em um roteiro, caracterizando as patologias esperadas ou as solicitadas pelos usuários.

O relatório resultante das inspeções deve descrever a degradação dos sistemas, estimando a perda de desempenho e recomendando as ações necessárias, conforme indicado na Figura 2.7.

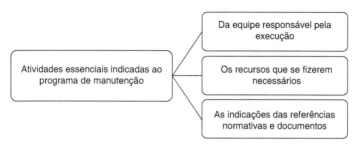

FIGURA 2.7 Elementos influenciadores no programa de manutenção.

Finalmente, a Norma NBR 5674 também recomenda o uso de modelos para elaboração de um programa de manutenção preventiva, que geralmente são vinculados ao Manual do Proprietário e ao Manual de Conservação das Áreas Comuns.

2.4 Recomendações do capítulo

Os aspectos legais e normativos demandam o reconhecimento das regulamentações existentes e o conhecimento de planos regionais e diretrizes de desenvolvimento urbano local, sendo este o foco da etapa inicial de uma reabilitação.

Quando da implantação do início de trabalhos, deve-se negociar com todos os interessados visando adequar as atividades a serem realizadas, nos limites e contingências de uma intervenção, com a presença de usuários e restrições de vizinhança.

O conjunto de intervenções deve ser dirigido a atender as condições de um Plano Diretor, salvo se este não existir, mas verificando as possíveis recomendações dos institutos de patrimônio, tais como o IPHAN, INEPAC, IRPH.

Nos aspectos legais e normativos, deve-se observar a inclusão das recomendações das normas NBR 16289 e NBR 5674, antes das intervenções físicas.

CAPÍTULO 3

Avaliação para Intervenções

SUMÁRIO
3.1 Pré-diagnóstico
3.2 Diagnóstico
3.3 Relatório Final
3.4 Plano das Intervenções
3.5 Recomendações do Capítulo

Ao longo dos últimos trinta anos, com a escassez de novas áreas para a construção, tornou-se inevitável a recuperação de áreas edificadas e que se tornaram inadequadas quanto ao seu uso, onde são exigidas ações corretivas e até emergenciais, para limitar a depreciação do patrimônio edificado.

Assim, a reabilitação predial vem crescendo dentro do segmento do mercado da construção civil, mas há a necessidade de um trabalho de avaliação, acompanhamento e fiscalização quando nas intervenções.

Embora as tecnologias e práticas indiquem um desempenho satisfatório na solução do envelhecimento natural, existem os erros de projetos e as imperícias geradas por antigas intervenções e estas devem ser vistoriadas, pois são importantes subsídios nas tomadas de decisões. Na prática, a avaliação das intervenções deve ser sistêmica no objetivo de reconhecer os aspectos de desempenho, usabilidade, vida útil, estado de conservação e características de manutenção realizadas, espelhando recuperar a capacidade funcional dos componentes construtivos. Por tal, as reabilitações devem ser programadas através de um reconhecimento das restrições existentes, condicionando-as a um conjunto de ações que visem definir os melhores processos possíveis na recuperação das benfeitorias, conforme descrito a seguir.

Usualmente, as avaliações para as intervenções devem ser programadas começando por um pré-diagnóstico, seguido por diagnóstico e execução de relatório descritivo.

3.1 Pré-diagnóstico

Representa uma ideia inicial da qualidade e do estado de conservação da edificação. Em geral, de custo reduzido, engloba inspeção visual e alguns levantamentos dimensionais superficiais, que possibilitem a informação mínima necessária para desenvolver um pré-diagnóstico.

Assim, o pré-diagnóstico será o conjunto de objetivos declarados para as condições de qualidade necessárias à recuperação de uma benfeitoria, devendo haver uma investigação de documentos e plantas que existirem, seguida de uma avaliação *"in situ"* das condições locais e das intervenções existentes.

Este dossiê, na forma de um anteprojeto, possibilitará ao profissional escolher, entre as diversas alternativas expostas a seguir, aquela que melhor se adequar à situação, conforme Barrientos e Qualharini (2004), e que são expostas a seguir.

1. Derrubar e reconstruir:
   Indicado quando os elementos estruturais apresentam um grau de degradação tão acentuado que represente perigo ou falta de estabilidade ao edifício. Esta solução só deve ser adotada quando o *retrofit* for inviável, tanto técnica, quanto economicamente.
2. Recuperar e realizar obras de caráter menor:
   Indicado quando ainda há a possibilidade de recuperar a edificação ou adaptá-la à sua nova utilização.
3. Acrescentar elementos de conforto:
   Indicado em casos nos quais o estado de degradação do edifício não é um fator relevante e o objetivo principal é apenas melhorar as condições de utilização do mesmo. Este caso configura um *retrofit* superficial, que geralmente faz parte de obras com orçamento reduzido.

A Figura 3.1 apresenta um fluxograma do pré-diagnóstico.

3.2 Diagnóstico

Após o pré-diagnóstico já se tem um perfil do objeto de intervenção. A etapa seguinte será de aprofundar as informações iniciais, quando então deve-se traçar o programa com as necessidades investigadas.

Na prática, grande parte dos diagnósticos realizados, citados por Barrientos e Qualharini (2002), têm sido de pouca eficiência em função da dificuldade de

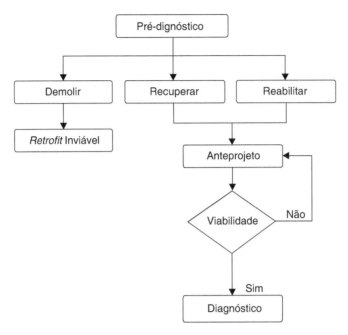

FIGURA 3.1 Fluxograma de um pré-diagnóstico.
Fonte: Barrientos e Qualharini (2004).

se estimar o real estado de degradação dos elementos da edificação. Métodos incorretos e imprecisos podem levar a erros na avaliação e na elaboração de projetos de recuperação nas edificações. Deste modo, um programa que apresente os principais recursos disponíveis de investigação para avaliação pode colaborar substancialmente na solução deste problema.

Além disso, o diagnóstico envolve procedimentos cujo grau de complexidade depende de fatores como prazo de execução, mas principalmente custo, cabendo ao investigador escolher dentre as diversas técnicas aquela que melhor se adeque às necessidades da sua avaliação, podendo eleger uma das indicadas a seguir.

3.2.1 Vistoria

Também conhecida como *walkthrough*, esta ação consiste em caminhar pelo ambiente, estudando e coletando o maior número de informações possível, verificando, por exemplo, pontos importantes relacionados aos usos e aspectos físicos do ambiente e seu entorno.

É importante observar o estado espacial do edifício, tanto de seus materiais quanto de seus equipamentos, verificando as dimensões importantes e, se possível, elaborando um croqui com as principais informações. Assim, procura-se a existência de fissuras, marcas de possíveis infiltrações, desníveis e deformações em pisos, paredes e esquadrias, e principalmente o estado das instalações (elétricas e hidrossanitárias), sendo que estas observações podem ser classificadas conforme indicado na Figura 3.2.

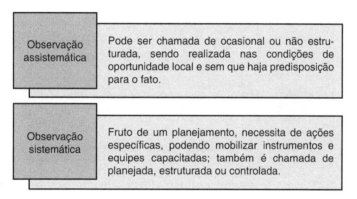

FIGURA 3.2   Classificação de observações relativas ao edifício.

A observação sistemática também pode ser subdividida em direta e indireta. Na observação sistemática direta aplicam-se diretamente os sentidos sobre o fenômeno que se quer observar, enquanto na observação sistemática indireta utilizam-se instrumentos para registrar ou medir a informação que se deseja obter, e nesta recomenda-se o uso de alguns utensílios de auxílio, como os citados na Figura 3.3.

3.2.2 Vistoria documental

Esta consiste em aferir o maior número de informações possível nos documentos vinculados ao conjunto das intervenções previstas nas benfeitorias, que podem fazer parte do conjunto indicado na Figura 3.4.

Os documentos pesquisados, por sua vez, podem dar uma maior agilidade ao processo de investigação, pois evitam a fase de levantamentos específicos, no entanto deve-se averiguar a representatividade dos dados obtidos perante a realidade. Em muitas edificações, principalmente no quesito instalações,

scanner de parede portátil
Localiza e mapeia até 5 tipos de materiais incorporados em uma construção, tais como: madeira, metal ferroso, metal não ferroso, plástico e cabos elétricos energizados.

paquímetro
Auxilia na determinação de medidas mais precisas, como o diâmetro da fiação utilizada ou a espessura de algumas fissuras e trincas.

câmera termográfica
Permite verificar áreas que apresentem elevação de temperatura, para inspeção quanto a avaliação de componentes de equipamentos e de painéis elétricos.

miras topográficas ou a laser
Necessárias quando o trabalho a ser executado exigir uma alta precisão das posições e dimensões.

câmera digital
Onde as fotos permitam documentar alguns detalhes como posição de janelas, portas e peças sanitárias.

FIGURA 3.3 Utensílios de auxílio na observação de fenômenos patológicos.

Foto: Cortesia de (a) Aramáquinas, (b) ANT Ferramentas, (c) Powertronics, (d) Tecnologias da Agrimensura, (e) Magazine Luiza.

FIGURA 3.4 Conjunto de elementos a verificar em vistorias documentais.

estas podem não ter sido executadas com a fidelidade ao projeto. Nesses casos, plantas de *as built* são importantes, sobretudo nas indicações de alterações que as instalações possam ter sofrido ao longo do tempo.

3.2.3 Questionário

É a terceira etapa no processo de avaliação e consiste em um conjunto de questões sistemáticas e sequenciais que constituem o reconhecimento das condições, cujo conteúdo deve ser direto e simples, com o objetivo de serem respondidas pelos utentes, por escrito ou verbalmente.

Assim, o questionário busca obter dos inquiridos informações sobre as edificações que não estejam contidas nas documentações, além de observações vivenciais quanto à utilização das benfeitorias.

Quanto ao preenchimento do questionário, este pode ser de autoaplicação ou não. No primeiro caso, o inquirido fica só diante do questionário, para respondê-lo. O grande problema é o caso de o indivíduo não compreender a pergunta e responder equivocadamente, afetando a veracidade dos resultados. Outra forma de aplicação é mediante pesquisadores que fazem as perguntas e anotam as respostas. A grande desvantagem desse segundo tipo é que o entrevistador pode acabar influenciando o entrevistado.

Também, em um questionário, as perguntas podem ser classificadas quanto a sua estrutura, como proposto na Figura 3.5.

Durante a elaboração do questionário, é importante o contato com pessoas chaves da população alvo, pois esta interação consolidaria conteúdos nos aspectos relevantes, a serem incluídos nas propostas de intervenção.

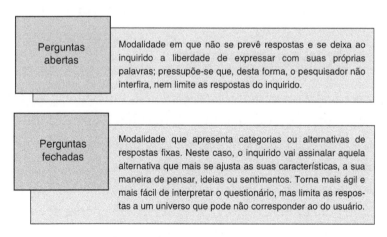

FIGURA 3.5 Classificação de perguntas para o processo de avaliação.

3.2.4 Entrevistas

Em geral as entrevistas devem ser aplicadas a qualquer indivíduo que possa fornecer alguma informação importante, seja ele o proprietário, o construtor, o morador, um vizinho ou até mesmo o administrador. Assim são feitas a verbalização, por parte do inquirido, de como são realizadas determinadas tarefas, dentro da edificação (esta é mais aplicada em edifícios comerciais), pode tornar possível ao entrevistador compreender o modo de operação da edificação e avaliar os seus pontos funcionais e as deficiências.

3.2.5 Medições físicas

Os levantamentos físicos são bastante úteis quando não se dispõe de projeto, ou quando o projeto não reflete a realidade. Assim, as medições das dimensões dos ambientes, áreas livres, número e posicionamento de luminárias, saídas de ar, localização de quadros de força, enfim, o levantamento de qualquer informação sobre a edificação que seja necessária e da qual se disponha na documentação.

Quando as informações básicas já são conhecidas, buscam-se apenas medições ligadas às questões de conforto da edificação, como: nível de iluminamento, temperatura, umidade relativa, verificação dos ventos dominantes e posição da edificação em relação aos pontos cardeais. As medições físicas para determinação de parâmetros podem ser sequenciadas como na Figura 3.6.

3.2.6 Investigações complementares

As inspeções realizadas, muitas vezes, não são suficientes para elaborar um diagnóstico coerente, pois existem muitos detalhes dentro de uma edificação para os quais somente investigações específicas, traduzidas na forma de ensaios complementares, poderiam oferecer respostas.

Neste caso, encontram-se, principalmente, as informações quanto à estrutura da edificação que, muitas vezes, fica oculta nas alvenarias e, como exemplo, temos as armaduras do concreto, em pilares.

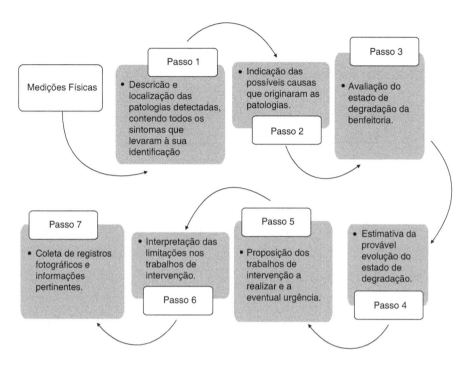

FIGURA 3.6 Sequenciamento de levantamentos nos locais.

As investigações complementares devem abordar a qualidade dos materiais, a umidade, o estado de conservação, cabendo ao profissional, com base em sua avaliação, ponderar e eleger aqueles ensaios que julgue necessários.

Neste aspecto os ensaios podem englobar perfurações no reboco, remoção de amostras de argamassa, perfurações em elementos estruturais, que poderiam ser considerados com riscos e exigindo, em algumas situações, a evacuação dos ocupantes da edificação.

Ademais, estes ensaios podem exigir atenção especial e ter custo elevado, sendo mais usuais quando aplicados em imóveis de caráter histórico, cuja preservação é fundamental.

Por essas razões, deve-se dar preferência aos ensaios que permitam a permanência dos ocupantes e não impliquem alterações nas benfeitorias, tais como as radiografias com raios-X, a medição de flechas de deformações, os ensaios superficiais caracterizando a resistência dos materiais e outros.

3.3 Relatório final

3.3.1 Montagem do diagnóstico

Nesta etapa, as vistorias já foram realizadas, assim como os ensaios necessários, cabendo ao profissional elaborar um diagnóstico que servirá na fase seguinte como base para a elaboração do projeto.

Cumpre lembrar que, muitas vezes, a fase de montagem do diagnóstico acaba sendo abreviada, levando a decisões insuficientes e mudanças de rumo durante a execução das intervenções, que mal planejadas podem ser piores do que a própria falta de manutenção, pois, ao invés de solucionar problemas, poderão causar outros mais sérios.

Uma boa forma de representar o resultado final do diagnóstico é através da atribuição de graus, de acordo com o estágio de degradação. Assim, pode-se visualizar melhor as condições de urgência e definir prioridades.

Neste contexto, entre 1995 e 1998, foi financiado pela Comissão Europeia no programa Joule II o projeto denominado EPIQR (*Energy, Performance, Indoor Environmental Quality and Retrofit*), que permitia a profissionais do setor de reabilitação obterem informações de processos das intervenções, visando obter maior valor imobiliário quando na renovação de edifícios de habitação.

O EPIQR oferece um diagnóstico global da edificação a partir de um *walkthrough*, como ponto de partida para verificação da conservação dos elementos construtivos, suas condições de funcionamento e análise do balanço energético.

Para apoiar a montagem do diagnóstico, o edifício é decomposto em cinquenta elementos que representam agrupamentos de componentes das benfeitorias existentes, a seguir indicados no Quadro 3.1.

O Quadro 3.2 do EPIQR é uma codificação para avaliar uma reabilitação, e assim possibilitar a execução do diagnóstico.

Finalmente, no EPIQR, usa-se um *software* com um banco de dados que, aliado a imagens comparativas de padrões de degradação nas benfeitorias, poderá auxiliar na avaliação das intervenções.

QUADRO 3.1 Quadro de decomposição do Edifício no EPIQR

N.º	Elemento	N.º	Elemento
01	Acessos	26	Revestimento da cobertura
02	Infraestrutura e estrutura resistente	27	Maciços na cobertura (chaminés, ...)
03	Revestimento das fachadas	28	Vitrais
04	Decoração das fachadas	29	Claraboias
05	Varandas	30	Isolamento da cobertura
06	Isolamento térmico da fachada	31	Rufos, caleiras e tubos de queda
07	Caves privadas	32	Sótãos (locais comuns)
08	Locais comuns	33	Instalação elétrica da habitação
09	Isolamento térmico do pavimento térreo	34	Aquecimento
10	Armazenamento de combustível	35	Distribuição de água fria
11	Produção de calor	36	Distribuição de água quente
12	Distribuição de calor	37	Distribuição de gás
13	Distribuição de água e gás	38	Tubos de queda de águas residuais
14	Rede de drenagem de águas residuais	39	Janelas
15	Portas de serviço e da garagem	40	Portadas exteriores
16	Janelas de cave	41	Proteções solares
17	Paredes da caixa de escada	42	Portadas interiores
18	Escadas	43	Revestimento do pavimento
19	Porta de entrada do imóvel	44	Revestimento de paredes
20	Portas da caixa de escada	45	Revestimento de tetos
21	Inst. elétrica: baixada, contador e distribuição	46	Cozinha (local e equipamento)
22	Inst. elétrica: instalações comuns	47	Inst. sanitárias (local e equip.)
23	Inst. elétrica: correntes fracas	48	Ventilação (cozinha e instalações sanitárias)
24	Elevador	49	Estabelecimentos profissionais e comerciais
25	Estrutura da cobertura	50	Andaimes e instalação de estaleiro

Fonte: Lanzinha (2009).

42 CAPÍTULO 3

QUADRO 3.2 Quadro de classificação dos elementos construtivos segundo EPIQR

Código da Degradação	Condição Existente	Ação	Tipo de Intervenção
A	Bom estado	Conservação	Manutenção
B	Ligeira degradação	Vigilância	Ligeira reparação
C	Média degradação	Intervenção	Média reparação
D	Fim da vida útil	Intervenção imediata	Substituição

Fonte: Adaptado de Lanzinha (2009).

Assim, o EPIQR pode ser uma ferramenta de análise e fundamentação das condições de uma reabilitação, pois no seu relatório serão indicados:

- o estado do conjunto de benfeitorias da edificação;
- as condições detalhadas da natureza das degradações;
- uma antecipação estimativa dos custos das intervenções;
- uma oferta de estimativa da natureza dos trabalhos que impliquem uma renovação ou possível descarte com substituição dos elementos comprometidos;
- uma crítica dos diversos cenários previstos de intervenção;
- um estudo de possibilidades de valorização das benfeitorias, tendo como foco requalificar, reabilitar ou ter a opção de realizar um *retrofit*.

A seguir, a Figura 3.7 que tem texto descritivo e fotografias exemplificadoras para o elemento de revestimento de cobertura, em antigas edificações.

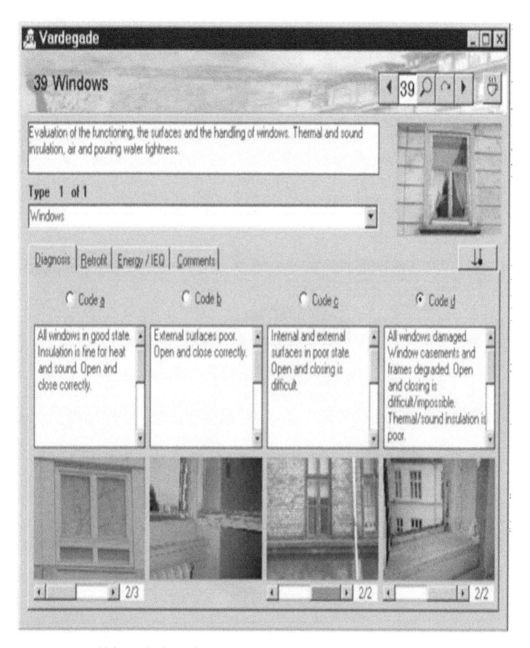

FIGURA 3.7 Códigos de degradação acompanhados para o elemento 39.
Fonte: Lanzinha (2009).

Cumpre realçar que o EPIQR também pode conduzir a uma análise da qualidade do ambiente interior da edificação e ao estabelecimento de um diagnóstico de balanço térmico e condições de prioridade no conjunto de intervenções, podendo o relatório detalhado ter um diagnóstico na forma de radar, que ofereceria um cenário personalizado da relação de custo e necessidade da intervenção, onde indicam-se escalas de graduação quanto às condições dos ambientes, alinhando-se a isto uma proporção de custos de intervenção em razão de exigências levantadas no conjunto edificado.

A Figura 3.8 apresenta o gráfico em forma de radar.

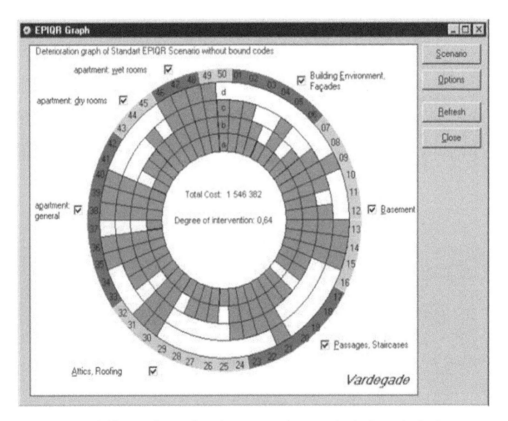

FIGURA 3.8 Gráfico em forma de radar mostrando o estado de degradação dos elementos em barras.

Fonte: Lanzinha (2009).

Avaliação para Intervenções **45**

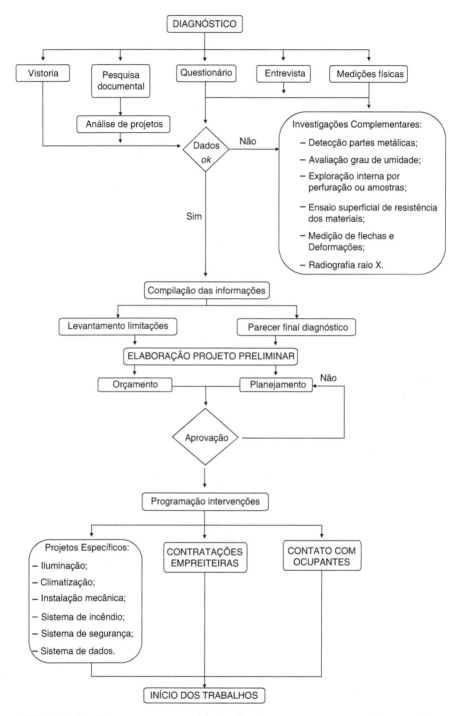

FIGURA 3.9 Fluxograma para elaboração de um processo para intervenção.
Fonte: Adaptado de Barrientos (2004).

Telhados

- identificar a necessidade de fidelidade ao projeto original, caso o bem seja tombado;
- realizar vistorias quanto à possível recuperação estrutural e necessidade de melhoria nas condições de iluminação, no caso de emprego de claraboias e lanternins;

Fechadas

- inspecionar os diversos elementos da fachada, observando as características de pingadeiras, recortes de empenas, alinhamentos de sacadas e de marquises, considerando as dimensões e disposições das aberturas para o meio externo que são fatores limitantes uma vez que dificilmente poderão ser alteradas;

Pinturas

- buscar uma coloração adequada ao conjunto do entorno, dando preferência a materiais locais tradicionais, com aspecto e padrão próximos aos utilizados na época da construção, respeitando-se as formas de acabamentos preexistentes;

Esquadrias

- verificar as condições de integridade da esquadria quanto aos seus componentes e de suas ferragens, quanto da ocorrência de ferrugem e colapso no uso;

Cerâmicas

- avaliar o desgaste das superfícies nas condições de adesão nas suas bases e necessidade de substituição e de execução de rejuntes ou a colocação de novos revestimentos sobre os existentes;

Frisos e parquetes de madeira

- examinar as condições das superfícies, encaixes, arremates dos pisos, observando principalmente a maceração ou a presença de algum ataque biológico ao madeiramento existente.

FIGURA 3.10   Limitações quanto à integração das intervenções.

3.3.2 Fluxograma para uma intervenção

Com o objetivo de identificar os pontos-chave num processo de reabilitação e propor uma metodologia para o controle de uma reabilitação, será apresentado um fluxograma das etapas envolvidas. Neste diagrama, a partir do diagnóstico podem-se mobilizar as investigações complementares (avaliações, ensaios, medição de flechas, radiografias, e outras). O passo seguinte deve ser a elaboração do projeto preliminar, com base no orçamento e no planejamento e programação das intervenções, dividindo em projetos específicos (de iluminação, climatização, instalações), para proceder às contratações, segundo as necessidades dos usuários, para então dar início aos trabalhos.

3.4 Plano das intervenções

A confecção de um futuro planejamento de obras dependerá do diagnóstico executado. Portanto, é importante comunicar aos ocupantes da edificação as obras que serão realizadas e verificar suas reações. Sempre existem pessoas mais dispostas a colaborar e outras menos, e é com estas que se deve ter atenção especial, já que poderão ocorrer dificuldades para o desenvolvimento dos trabalhos.

Outro fator que interfere na evolução dos trabalhos é a questão da propriedade. Quando o imóvel objeto das intervenções pertence a apenas um proprietário os trabalhos são mais fáceis e as decisões mais rápidas de serem tomadas, mas quando o imóvel pertence a vários proprietários, geralmente é mais difícil conseguir unanimidade ou um acordo sobre as decisões e ações das intervenções a serem executadas.

3.4.1 Limitações

A permanência da estética original das edificações é em grande parte exigida nos casos de imóveis tombados ou preservados pelo patrimônio público, sendo importante verificar se a estética a preservar ou as inovações a serem incorporadas estão de acordo com os usos propostos e o contexto arquitetônico da vizinhança.

Quando na reabilitação de fachadas, deve-se ter cuidado redobrado, já que pode ocorrer uma contribuição não harmônica na paisagem urbana, o que obrigaria a um esforço para que haja uma boa integração das intervenções, podendo ocorrer limitações abordadas na figura 3.10.

Por outro lado, quando a edificação está completamente desocupada, o trabalho é mais fácil e mais rápido, pois o quesito de isolar áreas para realizar os trabalhos não se faz necessário, assim os operários teriam mais liberdade para acelerar os serviços. Porém, esta condição deve ser adotada somente quando a presença de ocupantes possa representar riscos que impossibilitem a realização dos serviços, pois a ação de desocupar áreas onde ocorram reabilitações pode englobar custos elevados, pelas mudanças e disponibilização de moradias transitórias, conduzindo ao descontentamento, por parte dos usuários.

Em geral, adota-se a realização de intervenções sem que os usuários sejam transferidos ou removidos. Esse procedimento é vantajoso por ser o mais barato, e relativamente mais fácil, mas está aliado a vários incômodos, dentre estes o fato de ter que adequar uma programação de acordo com os hábitos dos ocupantes.

Também podem-se ressaltar alguns inconvenientes, principalmente quando são necessárias intervenções em instalações elétricas e hidrossanitárias, que podem deixar o prédio inoperante por horas, ou até dias. Neste tipo de solução, ainda estariam embutidos os problemas de segurança patrimonial, pela presença e circulação de terceiros no local.

3.5 Recomendações do capítulo

A avaliação das intervenções deve considerar a usabilidade, vida útil, estado de conservação e de manutenção realizada, visando recuperar o desempenho funcional.

O investigador deve considerar o grau de complexidade e os fatores de tempo e custo para adequar o diagnóstico nas diversas técnicas escolhidas a serem implantadas.

Na análise das intervenções deve-se considerar a possibilidade de derrubar e reconstruir, quando o grau de degradação for tão acentuado que represente comprometimento à estabilidade das benfeitorias.

Na reabilitação de fachadas, deve-se verificar se a intervenção poderia contribuir de forma não harmônica para a paisagem do entorno urbano.

Em edificações pouco comprometidas, deve-se estudar a possibilidade de adequar a construção para uma nova utilização, acrescentando os elementos necessários a sua recuperação.

CAPÍTULO 4

A Viabilidade da Reabilitação

SUMÁRIO

4.1 Barreiras e Condicionantes

4.2 Degradação pelo Uso

4.3 Patologias

4.4 Mudança do Perfil do Usuário

4.5 Análise de Viabilidade

4.6 Recomendações do Capítulo

O setor da construção, para atender ao ciclo de vida nas construções, sempre fez uso de materiais tradicionais sobre os quais se conhecia a sua durabilidade em relação ao tempo. Assim, antigas construções, graças aos trabalhos com pedra, madeira e argila refratária, dentre outros materiais são referências, até os dias de hoje, tanto na sua solução espacial (arquitetura), quanto pela qualidade do conjunto construído. Entretanto, para que um material seja considerado adequado em uma reabilitação é necessário que todas as suas características se mantenham funcionais dentro de níveis aceitáveis e idênticos na proposta e programa do projeto, onde a vida útil na "aparência" é tão importante quanto a vida útil "mecânica" em qualquer processo de intervenção.

4.1 Barreiras e condicionantes

A vida útil de uma edificação está relacionada com fatores físicos, funcionais e econômicos. Quando se avalia no ponto de vista físico na vida útil dos materiais, o foco recai na durabilidade; já do ponto da funcionalidade, avalia-se a capacidade de adaptabilidade e, finalmente, no aspecto econômico, avalia-se o investimento realizado, focando na escolha e adequação de processos construtivos e materiais empregados.

Esses três fatores não trabalham isoladamente, e fazem parte de um ciclo em que as decisões tomadas podem gerar desequilíbrio nos demais, causando dificuldades quando na execução de intervenções de reabilitações.

Outro aspecto relevante é o fato de que tanto a durabilidade quanto a usabilidade (o uso do bem construído para as finalidades previstas) podem ter métodos para determinar o fim da vida útil, ao passo que a funcionalidade não pode ser definida por valores determinísticos.

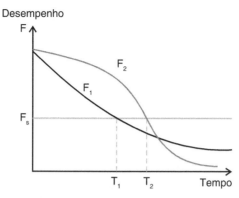

FIGURA 4.1 Gráfico de evolução das propriedades de um material.
Fonte: Adaptado de Masters (1985).

Para ilustrar o desempenho *versus* a necessidade de uma reabilitação, ao longo do tempo em uma construção, este pode ser caracterizado como o ponto de encontro entre a evolução das características de aparências da benfeitoria (F1) e a evolução de suas características mecânicas (F2), indicados na Figura 4.1.

Assim, a curva F1 representa a perda de requisitos positivos na aparência da benfeitoria ao longo do tempo e a curva F2 indica as condições mecânicas, inerentes ao ciclo de vida, que vão se degradando com o passar do tempo.

Considerando as expectativas de um desempenho contínuo (médio) ao longo do tempo, a interseção das curvas com a linha reta paralela ao eixo x(Fs) indicaria o desempenho, e este teria como limiar o ponto T2, além do qual o desempenho será considerado inadequado e tendendo para o limite de vida útil. Quanto ao período entre T1 e T2, este seria o de degradação da benfeitoria, quando se recomendariam intervenções para a recuperação das características ideais.

Estes conceitos são pertinentes ao tipo de partido arquitetônico da benfeitoria e da sua usabilidade. Para tanto, desde a década de 1970 o *Architectural Institute of Japan* vem desenvolvendo estudos buscando a determinação da vida útil nas reabilitações das edificações, advindo daí o "Regulamento Japonês", sendo um método que oferece um critério de estabelecer a vida útil de uma edificação, relacionando-a com a periodicidade das operações de manutenção.

Em 1981, a CIB e a RILEM organizaram um comitê com o objetivo de avaliar os métodos utilizados no estudo da durabilidade dos materiais para construção civil e propor uma metodologia sistemática para a previsão da vida útil, onde as diferentes áreas de investigação estariam representadas, como na Figura 4.2, para serem organizadas pelo investigador.

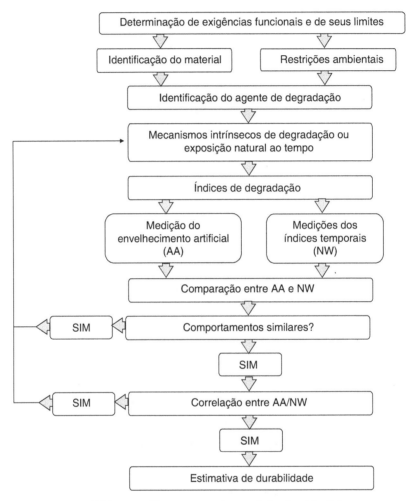

FIGURA 4.2 Fluxograma de previsão da vida útil.
Fonte: Adaptado de Masters (1985).

4.2 Degradação pelo uso

Todas as edificações sofrem algum tipo de modificação ao longo dos anos. Esse processo tem início a partir de sua ocupação e se estende por toda a vida útil do imóvel. Entretanto, as edificações que apresentam maiores ciclos de vida poderiam ser indicadas como adaptáveis ou flexíveis, em razão de terem atendido as demandas passadas e presentes. Assim, com a ação de conservação de uma benfeitoria, poderia a degradação ser adiada, mas, se esta viesse a ocorrer, então a solução seria periodicamente continuar em novas intervenções que teriam o objetivo de aumentar a condição de uso das benfeitorias, adiando o envelhecimento precoce. Estas manutenções consistem em uma série de intervenções com o objetivo de garantir níveis mínimos de desempenho, através de melhorias e modernizações. Contudo, a ação de manutenção também pode ser resultante de um aspecto emergencial. Assim, dentre as diversas formas de manutenção, podem ser indicadas as três modalidades na tipologia de manutenções, como na Figura 4.3.

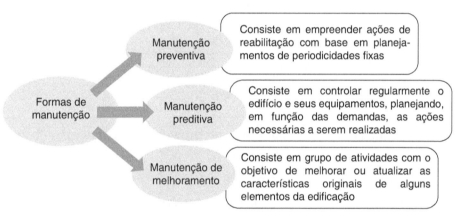

FIGURA 4.3 Tipologia de manutenções

4.3 Patologias

O termo "Patologia" vem do grego, sendo o resultado da união de duas palavras: *pathos* que significa doença e *logos* que significa estudos, sendo as patologias uma das principais causas de intervenções nas edificações, e alguns pesquisadores consideram as obras de reforma ou de correção de anomalias como uma das condicionantes ao processo de reabilitação.

Assim, a decisão de intervir na edificação pela existência de patologias, imposta aos usuários, passa por motivá-los a executar outras intervenções, que já se encontravam latentes, faltando apenas uma oportunidade, no foco de *"já que vamos fazer obras, por que não aproveitar e realizar aquelas intervenções que há muito vinham sendo pedidas?"*.

Também, dentre os vários agentes que podem causar a degradação de uma edificação, podem-se ressaltar os fenômenos naturais, a ação do meio ambiente e as falhas no projeto original.

Segundo o IBAPE, as patologias teriam as características mostradas na Figura 4.4.

FIGURA 4.4 Gráfico de origem das patologias × desempenho das edificações.
Fonte: IBAPE, 2013.

Quando as intervenções, visando superar uma ou mais patologias, chegam ao limite extremo, exigem a sua adequação às necessidades presentes, mas devem respeitar as propostas de sua origem (projeto), o que conduz à necessidade de um processo de *retrofit*, no objetivo de corrigir, tanto as deficiências de projeto, quanto de sua inadequada execução, pela substituição de materiais, cuja vida útil se esgotou em consequência das patologias provocadas na usabilidade nas benfeitorias.

A influência da natureza

As condições ambientais em que a edificação se encontra são fundamentais para a definição da vida útil dos materiais constituintes.

Elementos presentes nas construções, como a umidade/água, excesso de fluxo luminoso, poluição local, variações de temperatura e existência de microrganismos são, por vezes, responsáveis pelo aparecimento de patologias, como classificado na Figura 4.5, de água/temperatura, fatores biológicos; poluição local/umidade, presentes no ambiente.

Fatores de água/temperatuda

Água superficial

Agentes	Mecanismo
Agentes de limpeza causam infiltrações em fachadas e telhados, o que se agrava ao se misturar a poluição do ar (chuvas ácidas). Lençóis d'água: água eleva- se por capilaridade provocando o aparecimento de sais solutos (cloretos, nitratos e sulfatos)	Formação de crosta negra principalmente sobre fachadas levando a erosão da superfície

Variabilidade nas temperaturas

Agentes	Mecanismo
A variação diária das temperaturas gera o aparecimento de lamelas e escamação de superfícies, pela dilatação ou contração	A elevação da temperatura provoca um descoloramento de fachadas, ressecamento de madeiramento, aparecimento de cristalização e consequente expansão nas superfícies dos sais presentes nas alvenarias

Fatores de poluição/umidade

Poluição Local

Agentes	Mecanismo
Gás carbônico, dióxido de enxofre (SO_2), fuligem, poeira e fumaça presente no ar	Formação de crosta negra principalmente sobre fachadas levando à erosão da superfície

Umidade no ambiente

Agentes	Mecanismo
Água presente na forma de vapor na atmosfera, medida em relação à unidade de volume para uma determinada temperatura	A umidade crítica encontra-se acima de 70%

Continua

Fatores biológicos/meio ambiente	
Agentes Biológicos	
Agentes	Mecanismo
Multiplicação de microorganismos disseminados no meio ambiente e que encontrariam hospedagem nas benfeitorias construídas	Os fungos e o bolor atacam madeira e pedra. Os insetos xilófagos (cupins e brocas) destroem as propriedades mecânicas das madeiras. Os pombos e outros vetores através de seus excrementos provocam alterações físico-químicas nos materiais

FIGURA 4.5   Fatores de água/temperatura, biológicos/meio ambiente, poluição/umidade.

Fonte: Adaptado de Ribeiro, (2000).

4.4 Mudança do perfil do usuário

O ser humano busca segurança e conforto, e diversos autores, conforme Maslow (1983), estudaram as necessidades humanas, que poderiam, quando no uso das edificações, ser descritas por:

1. Fisiológicas: na busca por satisfação e repouso.
2. Segurança: na busca de proteção contra agentes físicos.
3. Sociais: na busca de facilidades de integração urbana.

A partir da premissa de que a habitação é uma necessidade fisiológica e estando a moradia intimamente relacionada à evolução tecnológica dos novos equipamentos e serviços, estes condicionam uma constante mudança no bem edificado. Como tal, em 1914, Antonio Sant'Elia em seu manifesto de "Arquitetura Futurista" pediu aos projetistas que evitassem materiais permanentes, em favor dos materiais que permitissem renovação e dinamismo, acreditando que a Arquitetura poderia ser efêmera e não permanente. Também, a necessidade de flexibilidade das edificações já era anunciada em 1950 pelo arquiteto Siegfred Giedion ao falar da necessidade de prever modificações nas edificações, a fim de adequar os serviços às necessidades dos usuários, a cada novo momento.

Nos anos 1960, um grupo de arquitetos ingleses denominado *"Archigram"* presumiu que a excessiva duração das edificações não se acomodaria nas futuras mudanças tecnológicas e culturais, que passavam a ser desenvolvidas em ciclos cada vez mais curtos, no que foi seguido pelos arquitetos "metabolistas" japoneses, que propuseram isolar os componentes duráveis dos edifícios em nichos, permitindo que os demais elementos construídos pudessem ser alterados, num processo flexível.

Portanto, no presente, a flexibilidade torna-se uma palavra de ordem, que permitiria garantir maior vida útil às instalações fixas, no quesito de manutenção ou na própria manipulação, e como exemplo indicam-se os sistemas urbanos prediais de água e de energia elétrica, que se tornaram complexos, exigindo flexibilidade no projeto e na intervenção nos espaços construídos, além da disponibilidade de uma ampla gama de novos controles e comandos eletroeletrônicos, com a consequente demanda de se obter eficiência, para uma resposta positiva ao envelope da edificação reabilitada.

Face ao exposto, pode-se acreditar que não é o Homem que deve se adaptar ao ambiente e sim que se deve adaptar o ambiente às necessidades, sendo o usuário o personagem principal a intermediar o diálogo para a evolução do espaço reabilitado.

Nessa dinâmica, as organizações estão sempre buscando se utilizar de edifícios reabilitados, que apresentem tecnologias de ponta além de segurança e máximo conforto, em um menor custo de operação, com o emprego de automatismos.

Assim, edifícios dotados com sistemas de controle de demanda de ar-condicionado (VAV), redes de fibras óticas internas e externas, pisos elevados, *softwares* especializados no gerenciamento da edificação, fachadas inteligentes, elevadores programados e sistemas de controle de acesso são oportunidades no sucesso dos empreendimentos.

Por conseguinte, na reabilitação de edifícios degradados, estes quando modernizados ao se apresentarem com a vantagem de serem bem localizados tornam-se atrativos financeiramente, quanto às intervenções de reabilitação, que conduzem a maximizar a sua valorização.

A questão da eficiência energética

A adaptação ao clima sempre norteou a forma como são organizados os espaços urbanos, e o projeto arquitetônico deve ser visto como um conjunto de fatores e soluções que complementariam as benfeitorias, visando ter eficiência perante as condições ambientais e com menor consumo de energia.

Assim, a eficiência de uma edificação implica obter a maximização da qualidade de utilização do ambiente e a redução nos seus custos de operação. Por tal, os projetistas ao longo do tempo adaptaram as edificações a terem pátios internos e corredores avarandados para que pudessem se adequar à insolação e ao clima.

Entretanto, a despreocupação com a orientação das fachadas em relação ao sol, aos ventos e a utilização indiscriminada de painéis de vidro, concomitante do desaparecimento dos *brises* e marquises nas edificações, conduziu a altos consumos energéticos. Nesta situação, cerca de 48% (EPE, 2018) da energia produzida no país é consumida nas habitações e nestas cerca de 40% são empregados na climatização, o que pressiona, em muito, por intervenções contínuas neste quesito.

Para ilustrar, a Figura 4.6 traz um indicativo da distribuição do consumo de energia elétrica nas edificações urbanas no Brasil.

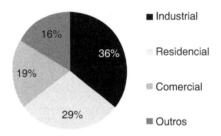

FIGURA 4.6 Gráfico de consumo de energia elétrica no Brasil, por setor (2017).
Fonte: EPE (2018).

A população nos centros urbanos brasileiros cresceu e com ela o consumo de energia, e na última década houve um crescimento no consumo de energia da ordem de 70%, sendo muito superior ao incremento de novas habitações, que foi de 44%.

Assim, devido à demanda, pode-se entender que é mais barato economizar energia do que fornecê-la. Então, intervenções que possam propiciar economia nas edificações existentes vão ao encontro da proposta de reabilitá-las para controlar a evolução do consumo energético.

Por outro lado, alguns estudiosos têm o discurso de que, apesar dos esforços em campanhas educativas e do aumento dos preços da energia, essas medidas não terão sucesso, a menos que se dê uma prioridade a intervenções para reabilitações que possam respeitar o programa da edificação, em um modelo de *retrofit* que premie a reformulação das demandas energéticas, na busca de adequar as edificações a um cenário de menor consumo energético.

Por tal, um bom desempenho energético deve conciliar fatores como ventilação, iluminação e a preservação do bem edificado. Consequentemente, se uma janela de vidro contribui com iluminação natural, mas também eleva a temperatura, deveria estar protegida da insolação direta com sombreamento e incorporação de *brises*, contemplando-se também o ambiente com cores claras. Em caso contrário, se a janela não estiver protegida, a economia em iluminação pode se converter em gastos maiores com a climatização do local.

A automação predial

Durante muito tempo, as edificações tiveram no elevador o item de mais alta sofisticação tecnológica, acompanhado, em alguns casos, por sistemas básicos de sinalização, como os utilizados em hotéis e hospitais na década de 60. Somente 20 anos depois é que, de forma mais acentuada, a tecnologia digital foi incorporada às edificações civis, inicialmente com sistemas de sonorização, controles de presença e depois no desenvolvimento de equipamentos auxiliares de apoio às atividades a serem realizadas no dia a dia do empreendimento. Neste contexto, a automação predial vem evoluindo em processos e produtos que, no seu conjunto, conduzem à denominação de edificações inteligentes. Por conseguinte, uma definição de edifício reabilitado e inteligente seria a de que este utiliza uma tecnologia para diminuir os custos operacionais, eliminando os desperdícios e criando uma infraestrutura adequada que aumente o conforto e a produtividade dos seus usuários.

A partir da década de 80, na busca pela maior eficiência energética, apareceram os sistemas de automação na segurança e iluminação, que aliados à necessidade de transmissão de dados, cada vez mais velozes, propiciaram a base do conceito dos *Smart Buildings*. Entretanto, este termo, com frequência, é aplicado de maneira equivocada já que para receber essa denominação seria necessário que os sistemas estivessem integrados em ações de multicritério, com transferência de dados entre si, em uma nova realidade, onde a edificação se adaptaria às demandas, integrando as benfeitorias tradicionais para as novidades potenciais do mercado.

O que fazer, então, com as construções antigas projetadas quando nem se sonhava com essas novas tecnologias?

Com certeza não se pode descartá-las e nem excluí-las nas intervenções necessárias na manutenção permanente da edificação pelo seu ciclo produtivo, sendo exatamente neste ponto que a reabilitação se enquadra, inicialmente numa readequação às condições contemporâneas e depois no descartar e atualizar para

FIGURA 4.7 Características de um edifício contemporâneo a ser reabilitado.

novos sistemas, sem inviabilizar os já existentes e produtivos. Isto se aplica, principalmente, nas instalações tradicionais (elétrica, hidráulica, telefonia e elevadores) que foram executadas, outrora, de maneira independente e devem ter uma atualização. Na Figura 4.8 há a representação de um conjunto de possíveis sistemas inteligentes a serem implantados em uma reabilitação, ou então, a serem recuperados e modernizados, periodicamente, nas edificações.

Mas não se pode garantir o pleno funcionamento do processo de automação, pois cada edificação terá um partido próprio, que poderá exigir soluções diferentes, em função do grau da intervenção (na reabilitação), e para um desempenho esperado se pode usar a telemática por modelagem burótica ou domótica.

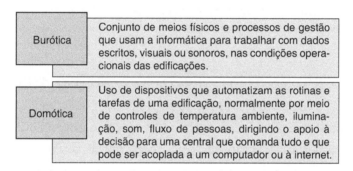

FIGURA 4.8   Definição de tipos de processos de automação.

Por conseguinte, a automação predial tem um papel duplo dentro do processo de reabilitação, sendo um facilitador para a melhoria dos serviços e permitindo um *upgrade* nos sistemas, no que valorizaria um bem edificado. Mas podem existir dificuldades na implantação da automatização em edificações preexistentes (Figura 4.9), tais como:

- A presença de múltiplas redes, que podem sobrecarregar as tubulações, que por muitas vezes não foram projetadas para novas demandas.
- A possibilidade da inexistência de uma padronização dos equipamentos constituintes dos diversos sistemas, o que dificultaria a integração com novos sistemas a serem implantados.
- A condição da evolução na oferta no elenco de novos produtos, o que pode tornar as intervenções rapidamente obsoletas.

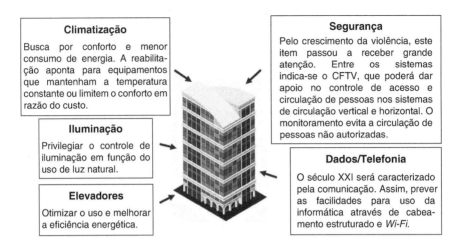

FIGURA 4.9   *Retrofit* Tecnológico: o que pode ser atualizado.
Fonte: Adaptada de Conexões Inteligentes (2002).

Contudo, deve-se considerar que a expectativa do ciclo de vida (físico) de uma construção pode extrapolar os 70 anos, desde que sejam observadas as periódicas conservações e manutenções. Destarte, quando ocorrem intervenções na modernização de equipamentos, utensílios e benfeitorias que ao serem incorporados na edificação podem ter previsão de utilização útil muito menor, entre 10 e 15 anos, o que configuraria a necessidade de investimentos para a renovação e possível *retrofit*, em prazos curtos, com valores entre 2% a 3% do valor edificado, e isto já a partir do quinto ou sexto ano de uso do bem construído.

Entretanto, no caso de tubulações em aço galvanizado a expectativa de vida útil é de 25 anos e no conjunto de instalações elétricas é de 30 anos, mas nas impermeabilizações este prazo é entre 10 e 20 anos, porém, na condição de obsolescência podem também existir vários motivos para se incorporar ou implantar a automatização durante o processos de reabilitação, visando:

a) a mecanização nos serviços reduzindo os gastos com pessoal, o que tornaria o controle e a gestão da edificação mais eficientes;
b) a integração dos sistemas por uso da telemática oferecendo segurança e economizando em futuras manutenções;
c) a adequação de uso de tecnologias de controle, o que propiciaria segurança no consumo de água e energia.

Concluindo, o objetivo mais convincente da implantação de uma automação nas reabilitações será na melhoria da qualidade de vida do usuário e na possibilidade de poder facilitar futuras intervenções.

4.5 Análise de viabilidade

A reabilitação de edifícios é um campo ainda muito empírico e sem memória na construção civil, pois as experiências práticas neste tipo de ação ainda são pouco documentadas e estudadas.

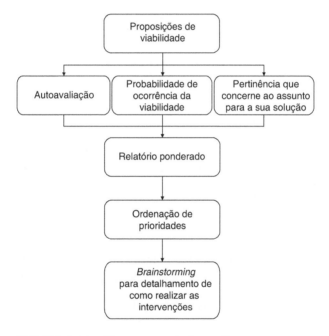

FIGURA 4.10   Fluxograma de Procedimentos.

Para tanto, deveria o avaliador das viabilidades utilizar uma sequência de procedimentos conforme indicado no fluxograma da Figura 4.10.

Assim, o incentivo à promoção da renovação dos edifícios deve passar por um conjunto de medidas que visem substituir ou melhorar as condições existentes. Neste mister, necessita-se de uma avaliação do projeto de reabilitação, verificando o seu valor arquitetônico e as contingências de

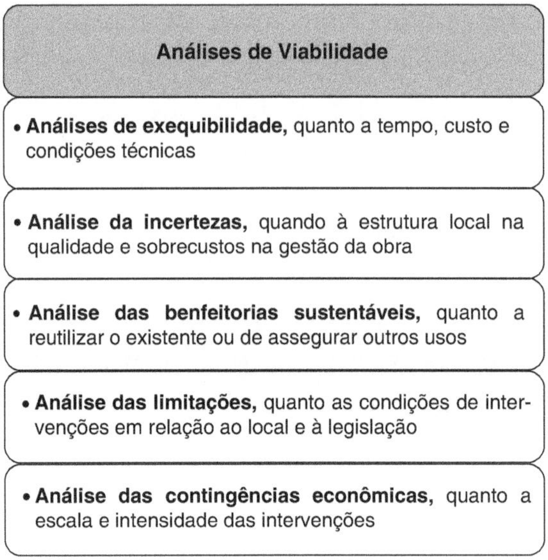

64 CAPÍTULO 4

Análises de Viabilidade

- **Análises de exequibilidade,** quanto a tempo, custo e condições técnicas

- **Análise da incertezas,** quando à estrutura local na qualidade e sobrecustos na gestão da obra

- **Análise das benfeitorias sustentáveis,** quanto a reutilizar o existente ou de assegurar outros usos

- **Análise das limitações,** quanto as condições de intervenções em relação ao local e à legislação

- **Análise das contingências econômicas,** quanto a escala e intensidade das intervenções

FIGURA 4.11 Tipos de análises de viabilidade.

implantação das soluções construtivas, conforme as análises de viabilidade indicadas na Figura 4.11.

A partir do foco das análises indicadas, devem ser utilizados três parâmetros da exequibilidade das intervenções nas reabilitações, e estes foram graduados em métricas multicritérios, sendo estas a autoavaliação, probabilidade e pertinência.

Inicialmente, para a autoavaliação deve-se realizar um julgamento da capacidade do avaliador, quanto a sua capacidade e *expertise* no ato de considerar a sua opinião.

Isto deve ser feito pelo próprio avaliador através da escolha de um peso a ser arbitrado, que visaria permitir uma confiabilidade na opinião expressada, de cada interface em análise.

No Quadro 4.1, apresenta-se o estabelecimento da autoavaliação, que será utilizada na priorização do conjunto definido de viabilidades, a ser escolhido pelo avaliador.

O passo seguinte será o estabelecimento de uma probabilidade de ocorrência da viabilidade, em estudo quando o avaliador deve arbitrar um valor inteiro de um conjunto, que varia de 20 a 80 % para as chances de ocorrência do evento. Contudo, para facilitar um futuro rastreamento, o avaliador deve escolher valores inteiros, desconsiderando os extremos, respectivamente

QUADRO 4.1 Quadro de estabelecimento da autoavaliação

Estabelecimento da Autoavaliação	
Descritivo	Peso
Considera-se conhecedor do assunto.	9
Interessa-se pelo assunto e o seu conhecimento decorre de atividades que exerce atualmente.	8
Interessa-se pelo assunto e o seu conhecimento decorre de atividades que exerceu, mas se mantém atualizado.	7
Interessa-se pelo assunto e o seu conhecimento decorre de leituras, por livre iniciativa.	5
Interessa-se pelo assunto e o seu conhecimento decorre de atividades que exerceu, mas não está atualizado.	3
Interessa-se pelo assunto e o seu conhecimento decorre de atividades exercidas por livre iniciativa, mas não está atualizado.	2

QUADRO 4.2 Quadro de ocorrência da probabilidade

Tabela de Ocorrência da Probabilidade Em %	
Certa de ocorrer	-
Muito provável	80
Provável	60
Pouco provável	40
Improvável	20
Impossível de ocorrer	-

de "certo de ocorrer" e "impossível de ocorrer", pois estes seriam situações consumadas.

Outra fase será o estabelecimento da viabilidade no item da pertinência, no qual o avaliador deve escolher o grau 3 se há alta pertinência, o grau 2 se tem média pertinência ou o grau 1 se há baixa pertinência, entendendo-se "Pertinência" como aquilo que concerne ao assunto e daria solução a este.

Finalmente, após executar as operações de multiplicar os valores de autoavaliação, probabilidade e pertinência pode reconhecer como priorizar as ações que consolidariam os ciclos de viabilidade (Figura 4.12), para então, a partir de um *brainstorming*, propor as ações mais viáveis de uma reabilitação predial, como as enumeradas a seguir:

1. Ter certeza de que o edifício poderá ser adaptado para funções pretendidas.
2. Propiciar ações que verifiquem a proporção entre prazos e custos, quanto às incertezas de serviços únicos/diferenciados nas intervenções previstas.
3. Reconhecer a estrutura local, quanto às restrições e aparecimento de óbices.
4. Verificar a disponibilidade de condições técnicas, quanto à compatibilidade físico-química, e o pressuposto de que o conjunto de intervenções atende a segurança e futura durabilidade do bem.
5. A proposição de alteração de uso de um edifício deve ter foco na qualidade que permita a convivência entre o existente e novo edificado.
6. O controle de sobrecustos deve considerar a possível reversão da intervenção, visando proteger o valor patrimonial ou permitir futuras ações de manutenção.
7. Definir quais seriam as benfeitorias a serem reabilitadas, e quais seriam as descartadas.

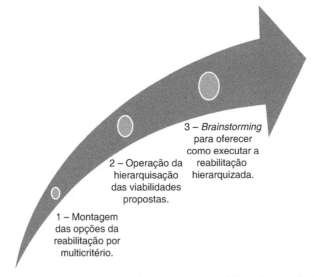

FIGURA 4.12   Fases cíclicas de uma reabilitação predial.

QUADRO 4.3 Exemplo de quadro de análise da exequibilidade

Análise dos graus de exequibilidade	Confiabilidade nas ações pretendidas (autoavaliação)	Percentual de riscos de insucessos (probabilidade)	Aceite dos interessados (pertinência)	Resultado ponderado
Ter certeza de que o edifício poderá ser adaptado para funções pretendidas.	7	80%	2	1.120
Propiciar ações que verifiquem a proporção entre prazos e custos, quanto às incertezas.	3	40%	3	360
Reconhecer a estrutura local, quando as restrições.	5	60%	2	600
Analisar o uso de um edifício com foco na convivência entre o existente e novo edificado.	9	20%	3	540
O controle de sobrecustos deve considerar a possível reversão da intervenção, visando proteger o valor patrimonial ou permitir futuras ações de manutenção.	5	40%	2	400
Definir quais seriam as benfeitorias a serem reabilitadas, e quais seriam as descartadas.	5	80%	3	1.200

68 CAPÍTULO 4

Para facilitar a compreensão, pode-se, a partir das ações de reabilitação propostas, montar uma planilha indicativa que possa priorizar as viabilidades, utilizando os critérios e os pesos indicados conforme o exemplo aqui proposto.

Então, realizadas as operações, pode-se **definir quais seriam as benfeitorias a serem reabilitadas e quais seriam as descartadas**, através da mais bem pontuada, sendo, portanto, a prioritária quanto à sua viabilidade e, consequentemente, o avaliador promoverá um *brainstorming,* visando detalhar como seriam os procedimentos para atender a este quesito. Sucessivamente, deve ser repetido o mesmo procedimento para os itens menos graduados, para então preparar uma cartilha de procedimentos nas viabilidades estudadas.

Assim, apesar de todos os prédios serem passíveis de renovação, muitos deles podem demandar estudos, para analisar se serão viáveis as ações e investimentos na renovação das benfeitorias.

Como fase seguinte, o relatório consolidado deve ter um diagrama, com um planejamento executivo, visando extrair o melhor resultado operacional, com o fim de minimizar os riscos nas ações de reabilitação.

O diagrama incluído no relatório pode ser composto conforme indicado a seguir.

Localização

A localização de uma reabilitação é sempre um item significativo, para que auxilie no sucesso da intervenção, sendo importante que o edifício e seu entorno estejam em um local com segurança e diversidade de acessos, bem como haja condições de acessibilidade para os veículos e equipamentos que deverão ser utilizados na execução da renovação.

Assim, em relação à localização física, para as ações de renovação, indica-se:

1. Identificar as restrições existentes no entorno da edificação.
2. Reconhecer os meios de acesso de veículos, para a carga e descarga.
3. Interpretar a logística dos acessos para a implantação de elementos de apoio na execução dos trabalhos.

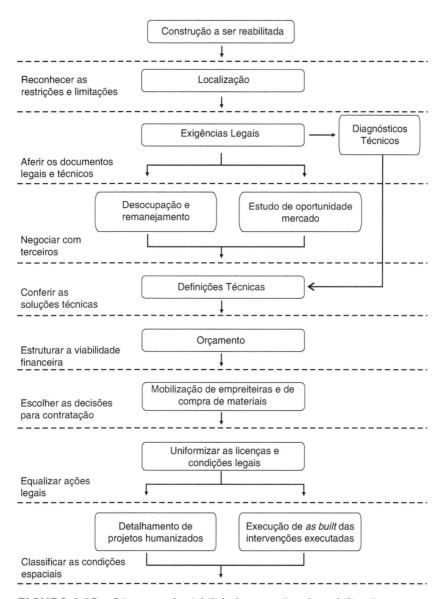

FIGURA 4.13 Diagrama de viabilidade nas ações de reabilitação.
Fonte: Adaptada de Mariana Matayoshi.

Análise de viabilidade quanto às exigências legais

As condições legais são separadas em duas fases distintas. É preciso verificar, em um primeiro momento, a situação das condições legais do edifício para a possibilidade das intervenções previstas.

Para auxílio da compreensão da dinâmica na legislação, foi desenvolvido um fluxograma de modelo que mostra o percurso de um processo de aprovação na construção civil, passando pelas entidades municipais e estaduais, representadas por secretarias, departamentos, conselhos etc., no âmbito municipal e estadual.

O passo seguinte deve ter como base o estudo de Projeto, e este deve passar por um estágio inicial de consultas, onde a verificação do local do empreendimento poderá indicar no Cadastro de Imóveis Tombados as condições e diretrizes

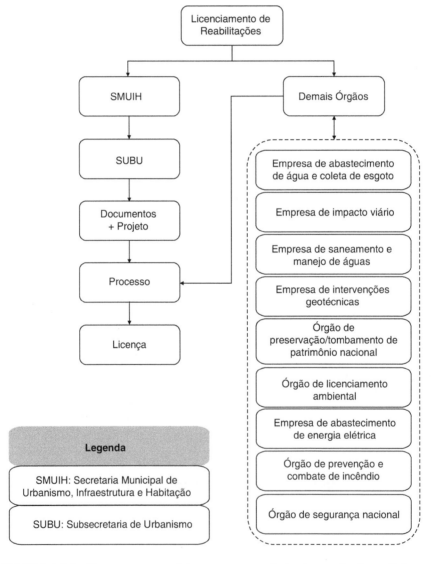

FIGURA 4.14 Fluxograma modelo para aprovação junto aos órgãos públicos.

da legislação de preservação (tombamento, em processo de tombamento ou em área envoltória).

Após a compilação de todos os dados citados, identifica-se o conjunto de condicionantes para o desenvolvimento do projeto de reabilitação, que deve ser anexado aos documentos existentes da edificação, e programa-se uma consulta ao departamento de licenciamento para autorização das intervenções de reabilitação.

Em paralelo à consulta citada, caso o empreendimento envolva qualquer interferência no sentido ambiental, deve ser feito um pedido de consulta prévia junto à *Companhia Ambiental* local, com vistas à definição do tipo de estudo ambiental necessário para o licenciamento do empreendimento. Estudos desse tipo podem ser um *Estudo Ambiental Simplificado*, quando considerado que o empreendimento é de baixo impacto ambiental, ou um *Relatório Ambiental Preliminar*, quando considerado que há potencial impacto ambiental, seguidos de um *Estudo de Impacto Ambiental* (EIA) e um *Relatório de Impacto Ambiental* (RIMA), quando considerado existir um potencial de significativo impacto ambiental. Por fim, a *Companhia Ambiental* do local emite, após a análise, o *Termo de Referência* que traçaria as diretrizes para o desenvolvimento do estudo ambiental solicitado.

No caso de o empreendimento não possuir nenhuma interferência ambiental, após o parecer citado, o anteprojeto e o projeto legal podem ser desenvolvidos com as modificações expressas por este parecer. Nesta fase, o projetista deve ter atenção para as interfaces por onde o projeto de reabilitação deve ter aprovação, conforme a lista, a seguir, de alguns dos departamentos a serem consultados:

Vigilância Sanitária – verifica as conformidades em relação ao Código Sanitário e Código de Obras do Município;

Departamento de Controle do Uso de Imóveis – emite licenças e fiscaliza a instalação de elevadores, sistemas de segurança de escada de emergência, de diretrizes para combate de incêndio e para-raios;

Companhia de Engenharia de Tráfego – responsável pela aprovação das possíveis intervenções na malha viária, no entorno da edificação a ser reabilitada;

Departamento de Ambiente – em caso de manejo arbóreo, devem ser solicitados um laudo de avaliação ambiental e posterior lavratura de *Termo de Compromisso Ambiental*, podendo ser exigida a apresentação de um *Estudo de Impacto de Vizinhança* (EIV) e de um *Relatório de Impacto de Vizinhança* (RIV).

CAPÍTULO 4

A seguir (Figura 4.15), um diagrama da licença ambiental e da licença prévia para a emissão de instruções por parte do *Instituto Estadual do Patrimônio Cultural* (INEPAC), entidade no Rio de Janeiro responsável

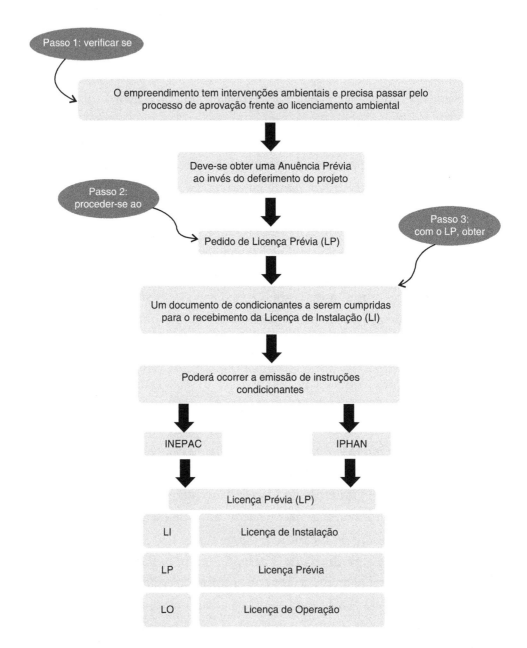

FIGURA 4.15 Diagrama de passo a passo de licenciamento junto ao INEPAC /IPHAN.

pela aprovação de intervenções urbanas, que estejam localizados dentro do raio de 300 m de um bem tombado ou preservado, e do *Instituto do Patrimônio Histórico e Artístico Nacional* (IPHAN), órgão responsável por solicitações de prospecção histórica e arqueológica em regiões que tenham indícios de antigas sociedades.

Assim, quando o empreendedor conseguir cumprir com todas as exigências da LP, poderá solicitar à Companhia Ambiental a licença de instalação junto com todas as documentações e plantas provando o cumprimento das exigências da LP.

Concluindo, a partir das considerações citadas, são cinco as alternativas a serem consideradas em relação a um empreendimento de reabilitação:

1. Respeitar as características da edificação existente, pois quanto mais modificações que impliquem alteração e aumento de áreas, na retirada de árvores, na modificação de alinhamentos em cotas de testada, mais complexo e extenso vai se tornando o processo de aprovação e mais tempo será despendido.
2. Realizar consultas prévias aos órgãos, códigos e regulamentos, providência essencial e que forma diretrizes sólidas para o desenvolvimento das intervenções no bem edificado.
3. Prever o atendimento às exigências quanto a LP, LI e LO, isto é, anteceder o que a Companhia Ambiental irá solicitar para o empreendimento, pois isto pode economizar prazos e pode ser necessária a contratação de terceiros para desembaraçar o processo de licença.
4. Controlar o detalhamento em relação a exigências de interfaces do projeto, necessárias ao processo de aprovação ou ao cumprimento de alguma exigência.
5. Evitar modificações no projeto depois de sua aprovação, pois a cada modificação de projeto pode ser necessária uma nova aprovação junto ao órgão competente, gerando um prolongamento do prazo estimado no processo de aprovação geral.

Desocupação e desapropriação

Existem situações em que uma edificação apresenta condicionantes a serem negociados. Em uma primeira situação, pode ser muito interessante para o empreendedor a compra de um edifício existente e que já esteja desocupado e/ou na posse de poucos indivíduos. Neste caso, o empreendedor precisará negociar as intervenções de reabilitação com poucos indivíduos, o que facilitaria a liberação para as ações necessárias à recuperação da benfeitoria.

Outra vertente desta situação é a posse do edifício existente com poucos proprietários que estejam interessados nas intervenções de reabilitação, mesmo com alguns moradores residindo no edifício. Neste caso, o empreendedor precisará verificar as condições dos moradores em função do uso da construção, procurando as condições limitadoras para as intervenções programadas.

Entretanto, caso os inquilinos/moradores permaneçam no local das intervenções e não possam sair do imóvel, deve-se reavaliar os procedimentos e a sequência das obras a serem realizadas, conduzindo a um esquema que permita segurança e alternativas ao cronograma adotado.

Outra situação é o edifício ser fruto de uma desapropriação, o que conduziria a uma negociação visando coordenar a implantação das intervenções com a efetiva retirada de ocupantes ou usuários.

Caso em sua maioria os inquilinos/usuários não possam ou não queiram se retirar do imóvel, deve-se estudar um acordo que possa levá-los a uma morada temporária até que se possa fazer a renovação/recuperação por partes do imóvel e, com isso, ter sucesso na reabilitação.

Em empreendimentos ainda em boas condições, mas que tenham a necessidade de intervenções de grande vulto em demolições e intervenções para unificar lotes ou benfeitorias, existem diversos cenários que obrigariam a consolidar estudos que permitam conviver com os riscos de renovação ou de modificação em diversas frentes de trabalho, quanto ao empreendimento.

Estudo de mercado

Diante das características locais, três aspectos devem ser levados em consideração em relação à viabilidade de uma intervenção para reabilitação. São estes:

1. Analisar o cenário econômico local, para antever o atrativo das intervenções a serem propostas.
2. Realizar um *benchmark*, verificando as características da região para efeito de alinhamento de qualidade, identificando os itens que podem ser customizados ou adequados às condições locais.
3. Personalizar a intervenção, identificando o público alvo, a partir das decisões tomadas diante das opções do conjunto do projeto de intervenções.

Assim, em um estudo de mercado, visando uma reabilitação, deve-se identificar quais serão as características das intervenções para o contratante e o resultado pretendido.

Diagnóstico e definições técnicas

Em paralelo às negociações junto ao cliente ou proprietário do imóvel e à verificação das exigências burocráticas envolvendo a edificação existente, é preciso contratar alguns especialistas em auxílio à decisão das intervenções possíveis e os parceiros técnicos mais recomendados seriam:

- Historiador/arquiteto, para análise do potencial de adaptação no projeto original, identificando os acabamentos que deveriam ser mantidos e suas características históricas, pictóricas e de uso/costumes.
- Orçamentista que possa preparar uma planilha adequada às necessidades específicas das intervenções a serem realizadas e que possa quantificar e qualificar o que na edificação pode ser recuperado, reciclado ou reutilizado.
- Calculista estrutural, para a análise das condições de suporte estrutural da edificação e de seus elementos constitutivos como estruturas de telhado e partes em elementos de madeira e metal.
- Projetista elétrico e hidráulico, para a análise das condições dos encanamentos, caixa d'água, enfiações, conduítes e climatização.

- Especialista em sistemas prediais, para analisar a viabilidade na implantação de automação, segurança e monitoramento, combate a incêndio, telecom/internet e elevadores.
- Especialista para diagnosticar as intervenções, com os seus potenciais problemas, seja na condição de exequibilidade por necessidade de intervenções em elementos históricos, seja na obrigatoriedade de recuperação de elementos arquitetônicos.

Análise do conjunto das intervenções

A análise do conjunto de intervenções identifica a expectativa do investimento quanto às necessidades operacionais e econômicas, confirmando se haverá a possibilidade de aproveitamento e reuso das benfeitorias existentes, em função da reabilitação.

Assim, o prazo para uma renovação ou uma recuperação tende a ser menor nas edificações que foram executadas nos últimos 50 anos, pelo fato de a estrutura e os demais elementos acessórios poderem estar mais compatíveis às intervenções necessárias. Por tal, o reuso e aproveitamento de benfeitorias pode tornar exequíveis as condições das intervenções. Diante destas considerações, pode-se indicar a ordem das ações para uma reabilitação, conforme indicado na Figura 4.16.

1. O reconhecimento o estudo das fundações existentes podem indicar que estas sejam reaproveitadas.
2. A existência de vãos livres e grandes cotas pé-direito conduzem à possibilidade de explorar subdivisões na forma de mezaninos ou pavimentos intermediários.
3. A possibilidade de se manter a estrutura física de telhados e coberturas pode conduzir a vantagens no conjunto das intervenções a serem realizadas.

Conclui-se que a avaliação do estado físico de uma construção *versus* a análise das contingências citadas pode permitir a viabilidade do conjunto das intervenções e visa revelar as vantagens existentes na execução da renovação.

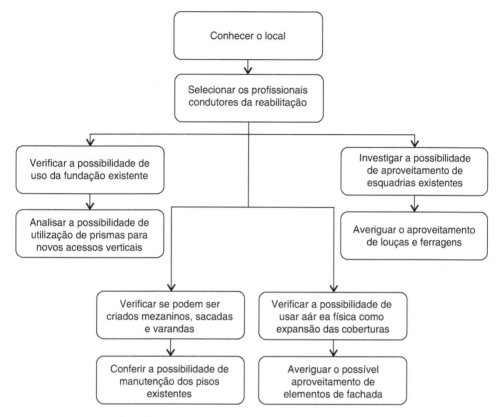

FIGURA 4.16   Ordem das ações.

4.6 Recomendações do capítulo

No estudo de viabilidade de habilitação devem-se determinar inicialmente os agentes de degradação e as contingências ambientais a partir das quais se podem avaliar e definir as ações a serem realizadas.

A interpretação das formas de manutenção pode indicar as condições das intervenções, principalmente quanto a periodicidade, demandas e respeito às condições originais.

No limite extremo, o gestor das intervenções deve definir a adequação de execução de uma manutenção, conservação, renovação ou de um *retrofit*.

A proposta de uma intervenção deve analisar a sua viabilidade com flexibilidade, objetivando diminuir os riscos.

A preservação de um bem edificado deve observar o bom desempenho quanto à viabilidade de intervenções nos elementos de ventilação, iluminação, circulação e de acessibilidade existentes na benfeitoria.

A decisão de introduzir em uma edificação a automação predial deve condicionar as escolhas à viabilidade de futuras alterações que possam permitir *upgrades* dos sistemas e com isso valorizar o bem edificado.

Na condição de obsolescência, a análise da viabilidade deve ser conduzida a um estudo que permita o equilíbrio entre qualidade, sustentabilidade e exequibilidade.

A análise das condições reais deve ser a mais detalhada possível quanto às possíveis exigências de secretarias, departamentos e conselhos existentes no âmbito municipal, estadual e federal, com relação às intervenções a serem realizadas.

A análise das características de oferta no mercado do bem reabilitado será primordial no diagnóstico e definição das opções no conjunto das intervenções.

CAPÍTULO 5

As Boas Práticas na Recuperação de Patologias em Reabilitações

SUMÁRIO

5.1 Patologias em Sistemas Estruturais

5.2 Patologias em Revestimentos Argamassados

5.3 Patologias em Revestimentos Cerâmicos

5.4 Patologias de Revestimentos em Pintura

5.5 Patologias em Coberturas e Telhados

5.6 Patologias em Elementos Construtivos

5.7 Patologias em Sistemas Prediais

5.8 Recomendações do Capítulo

No patrimônio edificado, com o envelhecimento dos materiais, são necessárias correções para adaptar a construção às exigências contemporâneas. Estas ações ocorrem conjugadas a um apreciável número de práticas que visam atender as demandas de obsolescência no meio edificado. Contudo, qualquer abordagem no sentido de adequar as anomalias de espaços edificados deve passar pelo conhecimento das patologias, à luz da interpretação das suas origens, inclusive por vícios construtivos, deficiências de projeto e intervenções malsucedidas. Assim, a seguir há uma descrição dos diversos aspectos patológicos, com recomendações para as intervenções nas benfeitorias construídas.

5.1 Patologias em sistemas estruturais

Em antigas edificações, era usual a execução de estruturas portantes constituídas de pedra e reforçadas com elementos de tijolo e aglutinadas com argamassas de cal e saibro. Entretanto, por vezes, estas estruturas, mesmo com grandes espessuras, não conseguiam ao longo do tempo atender aos esforços ou às condições de transmissão das cargas, ocorrendo recalques no conjunto construído, que poderia conduzir até ao seu colapso.

Para construções antigas assentes em bases compactadas de suporte para transmissão das cargas às camadas do solo, na exigência de reforços estes podem ocorrer com a cravação de pequenas estacas pré-moldadas ou de madeira, que permitiriam a estabilidade e a manutenção das paredes resistentes. Também pode existir a necessidade de execução de reforços em cintas corridas, executadas com materiais de granulometria variada para suporte das paredes portantes, por vezes em pedras encaixadas e argamassadas, e em concretos. Nestas, é importante consolidá-las com reforços nas seções, uniformizando a distribuição de cargas.

Na condição de trabalho em uma alvenaria de pedra mal agregada ou com registro de trincas na sua constituição, recomenda-se realizar preenchimentos que possam dificultar a progressão das fendas, assim como se pode proceder à colocação de peças metálicas (usualmente em ferro forjado), para atirantar e ancorar paredes e suas estruturas singulares (Figura 5.1).

FIGURA 5.1 Ferragens de ferro fundido.
Fonte: Appleton (2011).

Além disso, nos elementos que possam significar um esforço para a estabilidade de vergas e paredes, recomenda-se escorar e preencher com peças concretadas *"in situ"* ou colocar reforços metálicos, evitando-se a descontinuidade das ligações estruturais, até que sejam executadas estruturas de amarração.

Entretanto, quando a solução estrutural implica a intervenção em arcos (arcos de pedra ou de tijolo maciço) e passagens (pórticos), estes devem ser realizados mediante a remoção de cargas excessivas, com a execução de escoramentos para manutenção do prumo e no auxílio na redistribuição das cargas (Figura 5.2).

Em estruturas de paredes portantes, por vezes, deve-se retirar a capa superficial (Figura 5.3) para verificar o conjunto das patologias na definição do partido de consolidação do elemento a ser recuperado.

FIGURA 5.2 Arcos escorados.
Fonte: Appleton (2011).

FIGURA 5.3 Patologia em paredes portantes.

No caso de conciliar alvenarias de pedra com a execução de reforços em concreto armado, deve-se usar um aglomerante ligante em concreto bem fluido para o preenchimento das cavas executadas, utilizando *cachimbos* (calhas com recipientes para bombear o grauteamento nas cavidades a serem reforçadas), sendo esta intervenção feita inicialmente por uma das faces da parede e depois no seu lado oposto, até que haja a consolidação da peça recuperada.

Quando na existência de paredes mistas que sejam de pedras e tijolos aglutinados com argamassas, em algumas oportunidades são inseridas na "parede" as "cruzes de Santo André", solução que permite uma amarração da parede com adoção de "panos" menores e mais coesos. Contudo, ao longo do tempo, pode ocorrer o comprometimento da seção da estrutura em cruz de Santo André, pelo aparecimento de cupins ou pela deformação transversal na transmissão de cargas, sendo ideal a colocação de escoramentos laterais auxiliares, que possam dar condição de suporte até a colocação de reforços metálicos nas ligações internas das cruzes de Santo André (Figura 5.4).

FIGURA 5.4   Cruz de Santo André.
Fonte: Adaptada de Appleton (2011).

Outra região a ser verificada nas estruturas portantes de antigas edificações são os apoios de colocação de peças de madeira, que formam o nível de base de cada pavimento. Como as peças da madeira estariam apoiadas em um berço oculto, pode este local ser atacado por microorganismos, ou apresentar deslocamentos conduzindo ao seu colapso. Na ocorrência do comprometimento do madeiramento nessas peças de apoio recomenda-se, então, reforçar lateralmente as peças de madeira com perfis e grapas metálicas, garantindo, assim, a sua permanência e estabilidade, conforme indicado na Figura 5.5.

Todavia, os pavimentos em prédios antigos eram realizados com o uso de vigotas (consoeiras em madeira maciça) que recebiam um assoalho, servindo de piso ao pavimento, e sobre este eram executadas as compartimentações, em tabiques

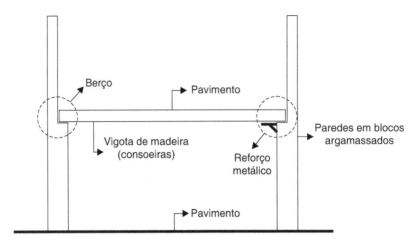

FIGURA 5.5 Engaste de estrutura de madeira em berço de estrutura portante.

que definiam a condição espacial dos cômodos, mas em algumas ocasiões eram realizadas elevações de paredes em tijolos cerâmicos argamassados, ou ainda, com estruturas de sarrafos de madeira fixados em diagonal.

Deve-se ressaltar que há uma patologia endógena quando as paredes em tijolos ou em blocos de argila estão assentes sobre pavimentos constituídos de estruturas entarugadas de madeira, pois estas não oferecem ligações para as cargas ali distribuídas, nem estabilidade física adequada, entretanto há uma expressiva quantidade de antigas construções com esta solução (Figura 5.6).

FIGURA 5.6 Parede sobre assoalho de madeira.
Fonte: Adaptada de Appleton (2011).

Para conhecimento de procedimentos de recuperação de sistemas estruturais em edificações antigas recomenda-se a leitura do "*Manual de Conservação Preventiva para Edificações*" do IPHAN, que instrui e classifica as estruturas nas suas condições de lesão. Exemplos dessas condições são pequenas fissuras na união de paredes, cuja causa pode ser recalque decorrente de acomodações de fundações ou por lesões com fissuras em forma de parábola, cuja causa seria um recalque de uma parede maciça, possivelmente assente sobre uma fundação corrida, o que pode contribuir na região para o rompimento de tubulações de água ou esgoto. Em situações especiais, os vazios do terreno também são provocados por escavações, apodrecimento de baldames, movimentos causados por tráfego intenso e pesado, ou até por colônias de térmitas e outros agentes biológicos que poderiam gerar a movimentação de estruturas, com o aparecimento de fissuras e fendas. A seguir, na Figura 5.7, há uma representação de danos em uma parede externa na linha de fundações, que se espraiaria à empena da edificação.

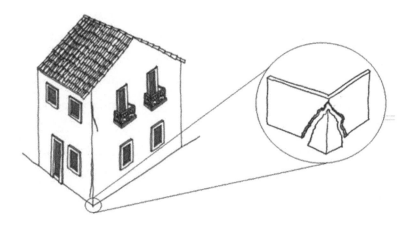

FIGURA 5.7 Fissuras em parede externa na linha de fundação.
Fonte: Adaptado do Manual do IPHAN (1999).

Entretanto, caso a fissura seja em forma de "y" e mais larga na parte inferior, possivelmente será devida a uma acomodação, com recalque pontual na fundação.

Outro aspecto de lesão que existe no manual do IPHAN é a indicação de que rupturas (fissuras, trincas) inclinadas no plano das paredes, possivelmente,

FIGURA 5.8 Fissura em forma de "Y" invertido.

teriam origem em aberturas existentes no terreno e não estabilizadas, e que conduziram a um recalque diferencial de fundação.

Em situações particulares inadequadas, pode ocorrer até o desaprumo de uma parede, com um desligamento entre a parede lesionada e a sua envoltória no ambiente interno, o que pode ter como causa o deslocamento da parede devido às ações de trabalho nas bases do conjunto construído, gerando flexões nas estruturas laterais (na forma oblíqua) e até empuxos, com fissuras que alcançariam arcos e abóbadas

Além disso, lesões que possam apresentar um alargamento ou expansão da parede na sua seção lateral, em projeções de fissuras verticais, podem ter como origem um esmagamento nas argamassas de ligação, devido ao excesso de cargas, ou por ter atingido o limite do ciclo útil de vida, perdendo as argamassas a condição de aderência e se desagregando.

Finalmente, no mesmo manual do IPHAN (1999), há a indicação de que fissuras distribuídas sem preponderância de direção nas estruturas (apresentando-se na forma de uma nuvem), mas em áreas próximas a suportes (de tirantes de reforço, em ferro) ou em peças internas de madeira (cruz de Santo André), podem apresentar degradação na peça de ferro posicionada no interior da parede, conjugada a degradação (apodrecimento) da madeira.

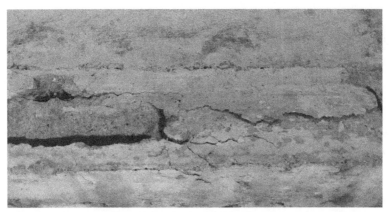

FIGURA 5.9 Desagregação de revestimento por degradação de peça de ferro em seu interior.

5.2 Patologias em revestimentos argamassados

As argamassas em revestimentos são produzidas por misturas em proporções que permitam a sua estabilidade a partir da presença de aglomerante e de aditivos, que podem oferecer características na sua conservação, mas na prática existem reações que ocorrem ao longo do tempo pela exposição às diferenças de temperatura, presença de umidade e reações físico-químicas, aumentando ou diminuindo a resistência dos revestimentos em argamassa.

O material mais antigo utilizado nas argamassas foi a argila que, pouco a pouco, teve o acréscimo de cal aérea e do gesso. Em algumas regiões onde havia depósitos de areia vulcânica, também foram produzidas argamassas denominadas hidráulicas a serem classificadas como argamassas magras/pobres ou ricas/muito fortes, em razão do equilíbrio na homogeneização dos aglomerantes.

Até o século XVII, para construção de edificações e obras de arte, a argamassa, tanto de assentamento dos elementos que constituíam a estrutura quanto no seu revestimento, tinha grande uso de pozolanas naturais e misturas de argila e cal (de acordo com a região).

Entretanto, no séc. XIX passaram as argamassas a utilizar aglomerantes no modelo "Portland" para a execução de rebocos, no geral. A partir daí, a trabalhabilidade das superfícies se alterou, pela durabilidade e pela variabilidade do substrato, dando origem a patologias nos revestimentos, com características de:

- destacamento;
- descolamento de placas;
- desagregação/pulvurulência;
- deformação/fissuras.

Destacamento

Trata-se do deslocamento do reboco ou emboço, por formação de bolhas, que depois entram em colapso. Usualmente esta anomalia está ligada ao uso de cal indevidamente homogeneizada na argamassa de revestimentos (Figura 5.10).

FIGURA 5.10 Destacamento de emboço.

Medidas Corretivas
- Retirar todo o destacamento, até garantir uma base sã.
- Limpar com escovação do material pulvurulento.
- Umedecer a superfície.
- Recuperar o reboco com argamassa no traço adequado.
- Executar o revestimento final (se previsto).

Descolamento em placas

Ocorre na ligação entre as camadas de revestimento e as suas bases. A verificação da ocorrência é feita quando se submete à superfície a ação de "batidas" em percussão, sendo o som cavo (oco) indicador da ocorrência da patologia, de que o revestimento estaria mal aderido (Figura 5.11).

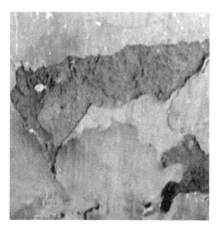

FIGURA 5.11   Descolamento em placas.

Medidas Corretivas
- Verificar se a região envoltória do descolamento também apresenta indicativos da mesma patologia.
- Provocar o colapso do revestimento que se apresenta com o som "cavo".
- Retirar todos os materiais soltos ou em desagregação na região envoltória do descolamento.
- Limpar com escovação e consequente execução de argamassa, preferencialmente em traço idêntico ao revestimento original.
- Acompanhar o processo de cura, durante duas a quatro semanas, evitando umidade excessiva e exposição a grande variação de temperatura.

Desagregação/Esfarelamento

Trata-se da desagregação do revestimento, que esfarela ao ser pressionado, por uma inadequada dosagem e/ou inadequada homogeneização do aglomerante na argamassa do revestimento, mas que apresenta as suas bases preservadas (Figura 5.12).

FIGURA 5.12   Desagregação de revestimento.

Medidas Corretivas
- Executar ação mecânica para a retirada do revestimento em desagregação.
- Umedecer o local e executar um novo revestimento em uma dosagem adequada, com acompanhamento da cura entre duas e quatro semanas.

Deformação e Fissura

Trata-se de uma deficiência nos revestimentos que não estariam resistentes a deformações e aos trabalhos sofridos nas peças estruturais, ou então por cargas resultantes da ausência de vergas e contravergas (Figura 5.13).

FIGURA 5.13   Fissuras devido a ausência de vergas e contravergas.

Medidas Corretivas
- Escorar o local que apresenta a deformação no revestimento.
- Mobilizar ações que possam cessar as anomalias, garantindo a estabilidade dos locais.
- Proceder a recuperação colocando uma tela que permita a consolidação da superfície.
- Proceder ao recobrimento da parte recuperada.

5.3 Patologias em revestimentos cerâmicos

A substituição de ladrilhos, azulejos ou a recuperação de painéis cerâmicos para a colocação de um novo revestimento sobre o antigo (que também pode ser realizado sobre mármores, granitos, pastilhas, pedras ornamentais) deve ser realizada com a certeza de existir uma base rígida e na possibilidade de ajustes para a acomodação de diferenças de cotas.

No procedimento de retirada dos materiais comprometidos deve-se preencher e recompor as bases, seguindo-se assentamento dos novos revestimentos, segundo a paginação adotada. Entretanto, no caso da permanência do revestimento antigo, com a sobreposição sobre este de um novo revestimento, deve-se verificar a posição ideal na fixação do novo revestimento sobre cerâmicas antigas, respeitando-se as juntas estruturais e cuidando-se para que o assentamento não coincida com as juntas anteriores, devendo estas ter pelo menos 3 mm, conforme indicado na Figura 5.14.

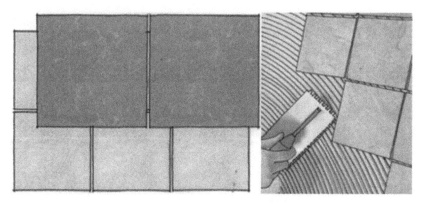

FIGURA 5.14   Assentamento de placa de cerâmica sobreposta.

Também deve-se ressaltar que, devido ao acréscimo da colocação de um novo revestimento sobre um anterior, as guarnições deverão ser corrigidas quanto ao seu esquadro para que haja um arremate nivelado, conforme a Figura 5.15

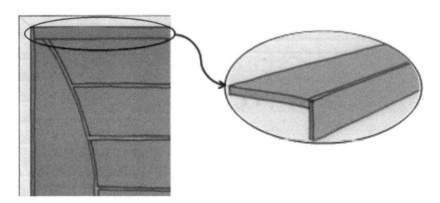

FIGURA 5.15 Adaptação por uma tala de madeira sobreposta, para regular o alinhamento e desnível de uma esquadria.

Quando existirem comandos de registros na região de substituição de revestimentos cerâmicos (ou tiverem novos comandos sobrepostos), deve-se verificar a posição dos níveis de colocação das canoplas de registros, de acabamentos de válvulas de descarga, assim como ferragens no novo prumo de alinhamento da parede acabada, como indicado na Figura 5.16.

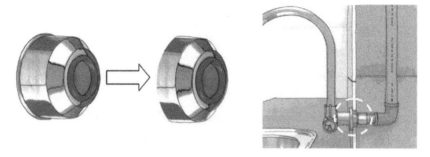

FIGURA 5.16 Indicação de corte de canopla e de alongamento de tubulação para permitir concordância no uso de ferragens novas.

Outro meio de intervenção que permitiria a fixação de elementos de acabamento, nas instalações, seria colocar parafusos e grampos mais compridos, aproveitando as buchas existentes (Figura 5.17).

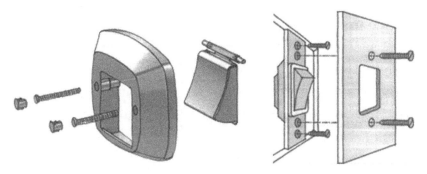

FIGURA 5.17   Colocação de acabamento novo com parafusos mais longos.

No caso de recomposição ou execução de novos revestimentos cerâmicos (paredes e fachadas), é importante que as placas a serem assentadas possam ter fixação por elementos portantes (chumbadores/braçadeiras), trilhos metálicos, engastes com ganchos ou sistemas auxiliares montados em bandejas que possam conciliar curvas, quinas e apliques existentes. Também podem os novos revestimentos ser aplicados em painéis que agrupem um conjunto de placas, o que pode facilitar a execução na medida em que não seriam retirados os revestimentos originais, porém se a decisão for de retirada dos revestimentos, deve-se proceder nas seguintes etapas:

a) Verificar se o revestimento antigo não apresenta peças desniveladas ou com som oco.
b) Proceder à limpeza local eliminando pó, sujeiras, partículas soltas, assim como gorduras, óleos e graxas.
c) Utilizar preferencialmente argamassa colante a ser aplicada sobre a superfície que deve ser lixada previamente, de forma a tirar o brilho e parte do esmalte do revestimento anterior.
d) Esperar pelo menos 48 horas para secagem da fixação do novo revestimento e só então realizar o rejuntamento.

As patologias nos revestimentos cerâmicos (azulejos, ladrilhos, painéis) podem ser por desplacamentos, eflorescências, manchas/bolor, trincas/fissuras, gretamento e comprometimento das juntas.

Desplacamentos

Ocorrem quando há a perda de aderência das placas cerâmicas com o substrato, por tensões existentes nas suas bases de fixação, devido a retração e dilatação, e com isto há o deslocamento do revestimento, em projeção externa ao seu nível, com isso resultando no seu colapso (Figura 5.18).

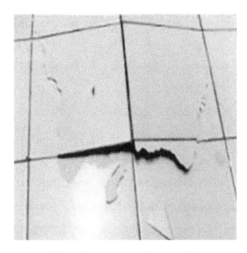

FIGURA 5.18 Desplacamento de revestimento cerâmico.

Medidas Corretivas

- Retirar a cerâmica inclusive do substrato em toda a região comprometida.
- Refazer a base para assentamento e aplicar a cerâmica, sem rejuntar.
- Esperar duas semanas para, então, aplicar o rejunte.

Eflorescências

Ocorrem pela dissolução de sais presentes nas argamassas de fixação dos revestimentos cerâmicos, gerando o aparecimento de crostas solúveis em água, que passam ao meio externo pelas juntas e aberturas no revestimento (Figura 5.19).

FIGURA 5.19   Eflorescência em revestimento cerâmico.

Medidas Corretivas
- Reparar a infiltração (se existente).
- Limpeza local com solução acídica e depois com água corrente.
- Usar um biocida, do tipo hipoclorito de sódio, na condição de existência de colonização biológica.
- Aplicar antifúngico nas juntas.
- Reparar as juntas, após período de carência de duas a quatro semanas.

Manchas/Bolor

Trata-se do desenvolvimento de fungos sobre superfícies internas e externas, formando manchas em tonalidades preta, marrom e verde, e ocasionalmente esbranquiçadas com tons de amarelo. Estas são provocadas por infiltrações de água e estão associadas aos desplacamentos ou ainda à desagregação do substrato, quando estes forem bases de revestimentos cerâmicos (Figura 5.20).

FIGURA 5.20   Manchas em revestimento de piso.

Medidas Corretivas
- Limpar local por hipoclorito de sódio a 5%.
- Verificar as impurezas na massa de base, quanto à presença de ferro e sais solúveis.
- Recompor a massa utilizando hidrófugos.

Trincas/Fissuras

São causadas por esforços mecânicos de tração, flexão ou torção e que causam o cisalhamento das superfícies em aberturas superiores a 1mm. No caso de rompimentos nas placas cerâmicas, a denominação deve ser de fissuras. Uma das origens para o aparecimento de trincas e fissuras pode ser as bruscas variações de temperatura, que causariam movimentações diferenciais entre o revestimento cerâmico e as suas bases, ou por sobrecargas que causariam esforços nas superfícies (Figura 5.21).

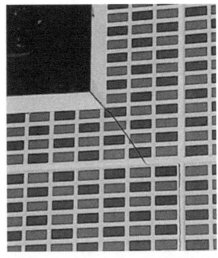

FIGURA 5.21   Fissura em revestimento cerâmico.

Medidas Corretivas
- Verificar a existência de fissuras e trincas.
- Intervir visando evitar a continuidade nos esforços mecânicos.
- Retirar as superfícies e bases em argamassa que apresentem degradação.

- Analisar a possibilidade do uso de cantoneiras e perfis que possam proteger da fissuração, e permitir uma folga para o trabalho das placas.
- Executar nova camada nas superfícies com inserção de tela metálica ou em PVC, para reforço nas áreas danificadas, e após isto a repor as cerâmicas danificadas.

Gretamento

Este se constitui por aberturas inferiores a 1 mm que se apresentam em superfícies de revestimentos, sendo mais visíveis nas superfícies esmaltadas, ficando com a aparência de uma "teia de aranha". Sua origem está na expansão diferencial entre a base e o revestimento, pela presença de umidade e diferença de temperatura, o que provoca um trabalho de tração e retração no esmalte das placas cerâmicas, apresentando fissuras capilares e radiais (Figura 5.22).

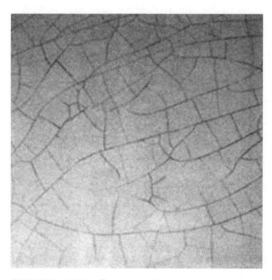

FIGURA 5.22 Gretamento.

Medidas Corretivas
- Retirar as superfícies que apresentam fissuras.
- Retirar as bases em argamassa.
- Executar novas bases, com hidrófugos.
- Aguardar de 2 a 3 semanas para execução do novo revestimento.

FIGURA 5.23 Revestimento com rejuntes envelhecidos.

Comprometimento de juntas

Este problema apresenta-se nos rejuntes do assentamento de placas cerâmicas e tem a sua origem no envelhecimento do material da junta e na perda da estanqueidade, que pode ser agravada por procedimentos inadequados de limpeza (Figura 5.23).

Medidas Corretivas
- Retirar o rejuntamento nos locais afetados.
- Limpar o local com hipoclorito e água abundante.
- Refazer o rejuntamento com argamassa que tenha hidrófugo e corantes adequados ao local.
- Limpar e verificar a estanqueidade.

5.4 Patologias de revestimentos em pintura

As condições que geram as patologias em pinturas são decorrentes da forma de aplicação das películas e da não observância das orientações, quanto à aplicabilidade de cada tipo de pintura. Assim, podem ocorrer por um processo de sedimentação, em que a parte sólida da tinta se acumula no fundo da embalagem, por um longo tempo de armazenamento. Portanto, mesmo homogeneizando-se o produto, pode este apresentar textura e cor diferenciada da cartela de referências do fabricante. Também, quando houver uma diluição excessiva ou à utilização de um solvente inadequado, pode ocorrer que a cobertura do produto seja ineficiente ou que haja a dificuldade de sua aplicação, ocorrendo o escorrimento na dificuldade no recobrimento das superfícies pintadas. Neste contexto, as principais patologias nas pinturas são eflorescências, desagregação, saponificação, descascamentos e enrugamentos.

Eflorescências

São áreas esbranquiçadas que surgem na superfície pintada, principalmente na recuperação de revestimentos em antigas edificações, quando ocorre que a tinta aplicada sobre reboco úmido elimina a água em excesso de uma argamassa recém-aplicada, trazendo materiais alcalinos solúveis e gerando manchas (Figura 5.24).

FIGURA 5.24   Manchas causadas por eflorescência.

Recomendação Corretiva
- Proceder à eliminação de eflorescências escovando a superfície seca com escovas de cerdas macias, e depois à aplicação de jatos d'água, com imediata secagem. Em sequência, deve-se refazer a pintura.

Desagregação

Trata-se da destruição da pintura que se esfarela e se destaca da superfície pintada. Isso ocorre quando a tinta é aplicada sobre uma superfície que recebeu nova camada de reboco e este não está completamente curado (Figura 5.25).

FIGURA 5.25 Desagregação de pintura em revestimento curado inadequadamente.

Recomendação Corretiva

- Corrigir o desagregamento, retirando todas as partes soltas, para então aplicar uma pintura de fundo preparador de paredes e em seguida aguardar uma semana, para então realizar a nova pintura.

Saponificação

Trata-se do aparecimento de manchas devido à secagem de tintas à base de resinas alquídicas. Estas manchas são causadas pela alcalinidade, pela presença de umidade e reação ácida com a resina, acarretando o fenômeno da saponificação. Em edificações antigas, deve-se retirar as partes comprometidas, removendo-se totalmente as pinturas anteriores (Figura 5.26).

FIGURA 5.26 Manchas devidas a saponificação.

Recomendações Corretivas

- Aguardar períodos de até 28 dias para que o reboco recuperado esteja seco e curado.
- Raspar e lixar a superfície eliminando as partes soltas ou mal aderidas, em seguida aplicar uma pintura em fundo preparador de paredes, e depois a pintura de acabamento.
- Remover totalmente as pinturas anteriores (no caso de pinturas alquídicas como esmaltes e tinta a óleo) mediante lavagem com solventes, raspando e lixando, recompondo as superfícies, para então, aplicar a nova pintura.

Descascamento/Descolamento

Ocorrem quando a pintura foi executada sobreposta a camadas de pinturas anteriores, que não foram retiradas, ou estão mal aderidas, gerando um descascamento da superfície, ocorrendo em paredes caiadas, em pinturas látex ou em pinturas alquídicas. Assim, o descascamento pode, também, ter a sua origem na presença de gorduras ou por aquecimento das superfícies, que afetariam os materiais não estabilizados, em razão da existência de umidade.

Para se evitar esse tipo de patologia recomenda-se remover as camadas de pinturas anteriores até se ter a confiança na estabilidade da base e a certeza de que não existirão contaminantes presentes, podendo ainda ser utilizadas tintas especiais, para quando existirem superfícies aquecidas (Figura 5.27).

FIGURA 5.27 Descascamento devido a aplicação de pintura em base instável.

Recomendações Corretivas

- Corrigir o desnivelamento pela sucessivas camadas de pinturas ou repinturas anteriores, pois todas poderão ser fontes primárias para a continuidade da patologia.
- Raspar e escovar as superfícies, após a remoção total das partes soltas ou mal aderidas, para em seguida aplicar um fundo preparador de paredes e proceder à execução de nova pintura.

Enrugamentos

Ocorrem quando há a necessidade de sucessivas camadas de pintura, visando cobrir uma superfície recuperada, tornando espesso o recobrimento de pintura executado, e conduzindo ao aparecimento de ondulações sobre a superfície pintada, que se apresentam sob a forma de rugas (Figura 5.28).

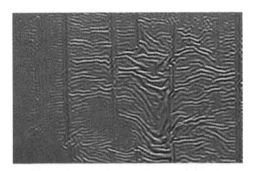

FIGURA 5.28 Enrugamento de pintura.

Recomendações Corretivas

- Verificar e corrigir o enrugamento nas espessuras das diversas demãos de pintura, devendo também ser estudada a possibilidade de uso de solvente menos volátil, o que possibilitaria melhorar a fixação das camadas de pintura. Entretanto, nesta patologia a única solução deve ser a retirada das áreas enrugadas e uma repintura.
- Corrigir as anomalias devidas ao enrugamento, que nas edificações muito antigas aparecem combinadas com gretamento e descascamento, resultando em um enrugamento.

5.5 Patologias em coberturas e telhados

As coberturas em edificações podem ser de três diferentes tipos: planas, inclinadas e em abóbadas.

Nas coberturas planas que sejam constituídas de lajes em terraços ou por chapas metálicas encaixadas em suportes (bases) de madeira ou com perfis metálicos, podem ocorrer colapsos nestes materiais pelas infiltrações, com a perda de estanqueidade ou por comprometimento da vida útil. Na sua recuperação, deve-se associar a substituição dos materiais utilizados por peças novas, ou através da reparação pela substituição dos elementos danificados, que por vezes incluem as calhas e condutores de água.

Nas coberturas em lajes, também é usual a aplicação de membranas impermeáveis constituídas por mantas, feltros ou telas betuminosas, cujo ciclo de vida dependeria da conservação regular, mas que estaria limitado a cerca de 30 anos. Nas edificações mais antigas, o usual era a aplicação de múltiplas camadas de mantas em feltro entremeadas com camadas de alcatrão, que quando puncionadas perderiam a capacidade de serem estanques. Neste caso, torna-se necessária a retirada da impermeabilização e das camadas sobrepostas de recobrimento para a recuperação da estanqueidade. Também devem-se verificar as áreas eventuais de empoçamento, que por vezes são resultantes de deformações estruturais. Assim, desde que se possam garantir caimentos superiores a 1%, haverá uma boa drenagem das águas pluviais.

Nas coberturas inclinadas é muito importante a verificação da fixação das peças de cobertura entre si, pois os grampos e ganchos que assentariam as telhas podem entrar em corrosão levando a um comprometimento dos suportes da cobertura (Figura 5.29).

Quando na revisão de coberturas antigas que tenham telhas tipo canudo, colonial ou Marselha, estas conduzem a um problema de difícil solução, qual seja, na montagem do encaixe de telhas novas com as existentes, pode este não ser adequado por pequenas diferenças de modulação nas telhas. Assim, é uma boa prática a repaginação de toda uma água de um telhado visando

FIGURA 5.29   Colapso de grampo de fixação de telhas.

eliminar esta dificuldade, aconselhando-se transferir as telhas em bom estado para outra água e, quando possível, posicionar uma manta isolante sob a nova distribuição das telhas, como indicado na figura a seguir.

Há de se realçar que, no caso das telhas Marselha, deve-se reconhecer qual é a sua posição de encaixe, pois esta estará representada nas linhas geométricas de encaixe do telhado e, se tais linhas não forem observadas, isso resultará na impraticabilidade da recuperação da cobertura.

FIGURA 5.30   Telhas com manta isolante.

Nas coberturas em abóbada, há de se levar em consideração o tipo de material utilizado na sua execução, pois muitas abóbadas são executadas em zinco ou cobre, e fixadas numa estrutura de madeira, de ferro fundido ou de aço galvanizado.

Também, por vezes, existe uma proteção térmica nas abóbadas, que deve ser recuperada em razão do envelhecimento dos materiais pelas altas temperaturas de insolação e/ou pela radiação ultravioleta, além da dilatação com alongamentos e encurtamentos sucessivos ao longo dos dias e dos anos. Assim, a partir do reconhecimento do tipo usado na proteção térmica, se deve prever a recuperação das capas de coberturas, em abóbadas, respeitando-se a sua estabilidade dimensional e as condições de fixação. Na Figura 5.31 um exemplo de abóbada a recuperar.

Em condições especiais, se pressupõe a total desmontagem da abóbada com a sua reexecução no resgate das características arquitetônicas.

FIGURA 5.31   Cobertura em abóbada comprometida.

5.6 Patologias em elementos construtivos

5.6.1 Recuperação de caixilharia em madeira

Nas edificações, os caixilhos são pontos singulares na concordância com a arquitetura e na necessidade de acessibilidade aos compartimentos e às fachadas.

Neste aspecto, a reparação de uma caixilharia de madeira pode conduzir à sua integral substituição, pela condição de podridão ou ataque por insetos xilófagos.

Na condição em que a recuperação da caixilharia obrigar ao desmonte de seus elementos, isto pode exigir a reposição dos componentes comprometidos, por estarem empenados, fendilhados ou colapsados, incluindo a correção das ferragens. Nesta oportunidade, se faz necessária a aplicação de um fungicida, por pincelagem abundante ou com a injeção de produtos preservadores. Embora essas ações permitam oferecer uma durabilidade considerável, a partir da recuperação, é necessário que todo conjunto da caixilharia passe por repinturas que através de resinas e esmaltes isolem o conjunto recuperado contra novos ataques de agentes agressivos. Isto também deve ser motivo de atenção na existência de fendas, quando se deve colocar cordões vedantes na forma de mastiques, para nivelar e complementar as partes comprometidas.

Na presença de umidade constante nas esquadrias, devem aplicar soluções hidrófugas, que deverão ser repetidas em prazos adequados para a preservação destes elementos de madeira. As patologias usuais de caixilhos de madeira são o colapso da estrutura por ações mecânicas, o comprometimento pela proliferação de agentes biológicos, as intervenções incorretas na reparação ou ainda no inadequado uso dos caixilhos e de suas ferragens para as necessidades requeridas da edificação.

Colapso da estrutura, por ações mecânicas

Ao longo do tempo, as intervenções nos caixilhos danificados podem exigir a remoção de partes destes, com substituição ou aplicação de enchimentos. Contudo, as necessidades de colocação de aparelhos de ventilação e de dutos de exaustão com frequência interferem, alterando suas partes fixas e móveis, sendo relevante citar que a adoção de novos elementos para compor um caixilho pode conduzir à deposição nas superfícies de poeiras, gorduras e outras sujidades, conduzindo à proliferação de agentes biológicos e físico-químicos (ferrugem), o que contribuiria para a degradação do caixilho (Figura 5.32).

FIGURA 5.32   Adaptação inadequada de equipamento em caixilho.

Recomendações Corretivas
- Eliminar interferências de dutos de passagens nos caixilhos transferindo-as para zonas em paredes próximas.
- Reconstituir o caixilho, respeitando-se o conjunto arquitetônico do local.

Ataque pela proliferação de agentes biológicos

Trata-se da recuperação da degradação de partes fixas e móveis oriundos da ação de água de chuva infiltrada ou de umidade de condensação com a formação e desenvolvimento de colônias de insetos e de fungos (Figura 5.33).

FIGURA 5.33   Elemento em madeira atacado por cupins.

Recomendações Corretivas
- Retirar as partes comprometidas, mas observando a adoção de formas e materiais próximos ou iguais aos originais.
- Aplicar fungicidas e isolantes hidrófugos nos locais afetados.

Intervenções inadequadas na reparação ou no uso dos caixilhos

As ações de intervenção visam a conservação de caixilhos, por desempenamento e retificação de pinásios e aros que tiveram uma escolha inadequada, o que pode inviabilizar o conjunto do caixilho (Figura 5.34).

FIGURA 5.34 Caixilho com intervenção inadequada.

Recomendação Corretiva
- Retirar o elemento estranho à arquitetura do caixilho e, em seguida, recuperar a sua forma original, com materiais idênticos.

Contínua presença de umidade

Os efeitos perniciosos da constante umidade em áreas molhadas afetam os caixilhos conduzindo ao aparecimento de manchas e bolores, que a princípio incidem nas pinturas e em seguida comprometem os elementos de madeira. A intervenção deve levar em consideração a desumidificação no local ou em câmaras térmicas, seguida da ação de reparação das superfícies pela aplicação de produtos que isolem da umidade, que poderia retornar aos caixilhos.

Porém, devem-se criar sistemas na ventilação que permitam que o espaço em que está o caixilho seja protegido quanto ao excesso de umidade. Em algumas situações especiais é possível recorrer à duplicação de caixilhos (janelas ou vidraças), que possam isolar a água em condensação, vinda do meio externo sobre estes caixilhos. Vale ressaltar que a existência de furos de drenagem pode, também, auxiliar na preservação regular dos caixilhos, pois evitaria a presença da água infiltrada nas superfícies de contato nos vidros dos caixilhos (Figura 5.35).

FIGURA 5.35 Patologia causada por exposição contínua a umidade.

Recomendações Corretivas
- Executar aberturas de ventilação em paredes opostas, que visem facilitar a circulação e renovação do ar.
- Executar drenos nas partes inferiores do caixilho visando eliminar o excesso de umidade.
- Isolar a superfície de contato entre o caixilho e as áreas molhadas.

Inadequada ação de uso das ferragens

Considerando que os caixilhos têm peso próprio e recebem ações dinâmicas, por vezes de forma contínua, pode ocorrer uma deficiência de estabilidade nos seus componentes constituintes (estrutura e molduras) gerando um colapso nas ferragens e nas suas fixações.

Estes danos podem ser pelo ciclo de vida da esquadria, pela fixação inadequada de tacos de madeira, ou por erros de montagem no corpo do caixilho, ou ainda pela presença de emendas inadequadas, conduzindo à degradação nas partes móveis, pela ação do vento. Nesses casos, embora as partes móveis estejam próprias ao uso, não permitem que o conjunto funcione corretamente (Figura 5.36).

FIGURA 5.36 Esquadria sem manutenção com perda de função.

Recomendações Corretivas
- Verificar os chumbadores existentes que fixam as esquadrias, quanto à estabilidade física e ao estado de degradação.
- Recuperar os danos no conjunto do caixilho e prever a colocação de elementos de apoio para "descanso", no tipo de um prendedor para as folhas móveis do caixilho.

5.6.2 Recuperação em pisos, forros e lambris de madeira

Na recuperação de frisos de madeira, tanto para pisos quanto para forros, deve-se verificar se ocorreram ataques de bio-organismos, imunizando as madeiras com preservativos, que não alterem as propriedades da madeira (Figura 5.37).

FIGURA 5.37   Revestimento de piso atacado por bio-organismos.

Recomendações Corretivas
- Usar detergentes na recuperação de madeiras resinadas e soluções à base de limoneno (solvente de cascas de frutas cítricas).
- Utilizar na limpeza e recuperação de madeiras cruas o ácido etanodioico ou hipocloritos de sódio e cálcio, sistematizando-se as raspagens com lixa.
- Usar, na retirada de mossas e riscos, discos abrasivos, que são normalmente classificados em brancos/beges para áreas polidas, ou verdes para áreas impregnadas com camadas grossas de resíduos.

Na recuperação de caixilhos, onde existirem falhas, a preferência será que se façam emendas com madeiras idênticas, e os métodos mais tradicionais de recuperação de madeiras contra o ataque de micro-organismos são indicados a seguir.

5.6.3 Recuperação em elementos metálicos

A recuperação de elementos metálicos deve levar em conta o estado de corrosão, usando-se um processo mecânico de lixar, escovar ou tratar com jato de areia, sendo isto realizado de maneira controlada para resguardar detalhes de incrustações ou decorações nas superfícies.

Fumigação

- Isola-se a peça com lona plástica e aplica-se um preservativo gasoso à base de brometo de metila.

Pincelamento

- Devem-se aplicar 2 ou 3 demãos de preservativos distribuindo o líquido em várias direções; a expectativa é que haja penetração da solução entre 1 e 5 mm.

Aspersão

- Esta deve ser executada com um pulverizador, que distribuirá sobre as superfícies os preservativos escolhidos.

Imersão

- Devem-se colocar as peças de madeira em um tanque com o preservativo, deixando-as por algumas horas e depois as colocando para secar por alguns dias em condições de médias temperaturas e sem altas umidades.

Gotejamento

- Este é utilizando com uso de tubos finos de plástico com o preservativo, que através de pequenos orifícios deve ser distribuído nas peças de madeira.

Difusão

- Este deve ser para árvores novas e com alta umidade (acima de 30%) para propiciar condições de proteção de elementos selecionados a serem complementares em peças recuperadas. O procedimento da difusão mais simples é submergir a peça em um composto de boro, por alguns minutos, e depois envolvê-la por uma lona plástica por de 2 a 15 semanas.

FIGURA 5.38   Métodos de recuperação contra o ataque de micro-organismos.

Recomendações Corretivas

- Recuperar os elementos metálicos por aquecimento de partes da peça a altas temperaturas e depois exercer uma escovação dinâmica das superfícies.
- Propiciar a ação de desenferrujamento, pela aplicação de ácido cítrico amoniacal, em soluções aquosas, para reagir na superfície da peça e depois escová-la retirando os resíduos.
- Garantir que foi retirada a ferrugem, e em seguida promover uma proteção com pinturas de fundo (zarcão alquídico e epóxi-amina), completando com uma pintura de acabamento em alumínio fenólico, acrílico ou em poliuretano.

No caso de limpezas em caixilhos de cobre, ao término, deve-se aplicar benzotriazol ou um verniz de resina acrílica para proteção.

No caso de ferro fundido, este apresenta uma proteção natural e uniforme, onde a camada ferruginosa, após 10 anos, não mais evolui, mas na decisão de sua retirada deve-se usar uma escova metálica ou jateamento de areia, e depois aplicar uma pintura epoxídica, pois a cada retirada da camada ferruginosa, nova camada aparecerá e consequentemente influenciará a espessura do caixilho a longo prazo.

FIGURA 5.39   Apoio de sacada em corrosão.
Fonte: Appleton (2011).

5.6.4 Recuperação em revestimentos de pedras

Na recuperação e limpeza de revestimento em pedras, no século XIX, por vezes, aplicavam-se soluções ácidas ou básicas nas estruturas de monumentos e nas superfícies de placas de pisos e de revestimento, ocasionando uma deterioração, por não ter sido adotada uma sequência de tratamentos que pode ser dividida nas seguintes categorias: limpeza, consolidação, proteção, preenchimento de partes faltantes, rejunte e ocasional substituição.

O método mais demorado e mais confiável de limpeza é com jato de água em nuvem de vapor. Outra possibilidade é o jateamento de microabrasivos com ar e esferas de alumina de 40 mícrons, sendo este lento e caro, porém, as camadas removidas são mais finas, o que propicia um excelente resultado.

No caso da consolidação de revestimento em pedra, esta se faz necessária quando o revestimento em pedra apresenta sinais evidentes de desagregação. Assim, em certas ocasiões, a remoção mecânica de depósitos orgânicos e inorgânicos na superfície das pedras pode conduzir à fragilidade nas superfícies, o que torna necessárias a aplicação de lixas abrasivas e uma consolidação com argamassas.

No século passado, muitas foram as superfícies em pedra que foram limpas pelo jateamento de areia, com o preenchimento de partes faltantes e rejunte pelo uso de cimento Portland. Contudo, com o passar dos anos, este procedimento se mostrou desastroso no conjunto de muitas restaurações e muito perigoso à saúde humana.

Ao final do século XX, também se difundiu uma forma de limpeza química usando EDTA, que é comercializado sob a forma de um sal dissódico ou de um ácido (ácido diaminaetileno tetracético), mas este não é recomendável para materiais muito degradados, especialmente mármores e pedras muito porosas. Também existem técnicas de limpeza de pedras com o uso de argila bentonita, com adição de EDTA e bicarbonato de sódio (com pH de 7,47). Finalmente, a limpeza a laser se apresenta como um método dos mais promissores na retirada de depósitos de crostas negras em superfícies de pedra, pois o feixe de luz fica dirigido somente para a crosta negra, aquecendo-a a altas temperaturas e causando sua vaporização ou queima. Entretanto, cumpre realçar que o feixe de laser, ao atingir mármores ou pedras claras é refletido e não causa efeitos sobre a pedra.

No caso de manchas de ferrugem sobre pedras, oriundas de grampos ou grades de ferro, deve-se usar a aplicação de ácidos fosfóricos, fluorídicos ou cítricos.

Finalmente, se a pedra é de base calcária, a remoção de manchas torna-se difícil, porém, nas manchas superficiais, pode-se usar uma solução saturada de fosfato de amônia, aplicada no mais breve prazo possível, entre a ocorrência da mancha e a sua limpeza.

Recomendações Corretivas

- Lavar pedras areníticas e mármores (pedras macias) com jato d'água e depois impermeabilizá-las com uma resina hidrófuga, completando com a recuperação do rejunte.
- Lavar granito e ardósia (pedras duras) com escovas e lixas, quando necessário, e após a secagem aplicar uma resina de proteção.

5.6.5 Recuperação em revestimentos cerâmicos

O tratamento de cerâmicas, seja em pisos ou em revestimentos, se faz inicialmente com a sua higienização e verificação das condições de estabilidade das peças. Se a peça estiver desnivelada, mas a sua superfície estiver conservada, deve-se proceder a sua retirada e recolocação. Contudo, se a azulejaria for com muitos elementos de pequenas dimensões (pastilhas, mosaicos, ladrilhos), deve-se verificar se existe um desenho reproduzido no seu conjunto, o que pode dificultar sua recuperação.

O diagnóstico na recuperação dos azulejos deve levar em consideração a história do edifício e as causas da sua degradação, sendo que uma análise físico-química pode determinar se os fatores contribuintes foram externos ou internos. Dentre as causas externas, podem-se destacar a radiação solar, as mudanças de temperatura, a presença de maresia e/ou umidade, a presença de agentes biológicos (fezes, plantas, fungos) e as condições extremas, como incêndios e longos períodos de inundações.

A primeira recomendação para a recuperação de cerâmicas se faz com um registro gráfico e fotográfico, que possa detalhar a condição visual das peças, conduzindo a identificação do conjunto e, a partir daí, indicando detalhes do estado de conservação, tais como perda de aderência, desintegração, manchas e fraturas. Em sequência a esta análise, deve-se proceder a uma limpeza, que pode ser mecânica ou com materiais químicos. Por vezes, há de se retirarem os painéis de azulejos para sua recuperação e posterior recolocação.

5.7 Patologias em sistemas prediais

5.7.1 Sistema hidráulico

As instalações hidráulicas e sanitárias em edifícios antigos, por vezes, são rudimentares ou inexistem. Contudo, é regra que ocorram intervenções para a adaptabilidade das necessidades de abastecimento, condução e recolha das águas. Na circunstância de uma reabilitação em um sistema hidráulico, isso implicará atender a legislação em vigor *versus* a compatibilização das necessidades para as benfeitorias nas redes existentes.

As anomalias mais significativas são pelo não atendimento da qualidade satisfatória da água, por falta de pressão, por retenção de detritos na tubulação ou por vazamentos. Nas construções mais antigas, há o envelhecimento dos materiais (condutos) e a consequente corrosão, que ocorre em tubulações de aço galvanizado. Nestas, há o estrangulamento da seção interna pelo depósito de resíduos e a abertura das ligações (juntas) longitudinais da tubulação, o que pode exigir a necessidade de descarte de trechos para a colocação de novos condutos, requerendo uma análise do que seria aproveitado/recuperado nos locais de passagem e nos seus desvios.

Além disso, em instalações prediais os resíduos incrustados no interior das tubulações têm a sua origem na presença de carbonato de cálcio e magnésio, que dissolvidos na água ficam depositados em camadas sucessivas, conduzindo à perda da seção da tubulação. Vide a Figura 5.40.

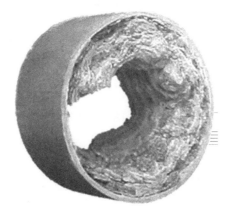

FIGURA 5.40   Tubulação com perda de seção.

Outra anomalia de projeto é a vibração da tubulação, que ao conduzir líquidos pode forçar conexões e juntas existentes, provocando ruídos e afetando o conforto dos usuários. Todavia, nas edificações antigas recomenda-se abrir visitas (no caso das tubulações embutidas) para criar novos vínculos de fixação da tubulação na estrutura da edificação.

Outro fator a ser considerado é a possibilidade de ocorrerem perfurações acidentais que, ao serem corrigidas, seriam potencialmente comprometedoras, pois se somam aos movimentos sucessivos de contração, cavitação e dilatação nas redes de água fria e quente. Um importante aspecto é verificar se os vazamentos nas tubulações inseridas em paredes e pisos apresentam-se com água sob pressão ou água de escoamento (águas servidas).

Especial atenção deve ser dada em caso de redes de esgotamento de água de chuva, pois o funcionamento destas só ocorre na presença de quantidades significativas de água, não sendo, portanto, intermitente. Assim, vazamentos provenientes nos tubos de drenagem só serão reconhecidos com a colocação de líquidos nas colunas e a verificação ponto a ponto.

Quanto às redes sanitárias, estas apresentam múltiplas possibilidades, pois conduzem materiais em suspensão que têm reações bioquímicas e podem reagir nas tubulações. Em condições adversas pode ocorrer o entupimento por obstrução de gordura e efluentes sólidos, agregados aos materiais de higiene descartados. Estes entupimentos podem ser muito graves e conduzir à impraticabilidade do uso da rede de esgoto, provocando uma intervenção que pode danificar a tubulação e obrigar a sua substituição.

Atualmente, no objetivo de eliminar o risco de obstruções e danos por intervenções dinâmicas na tubulação de prédios antigos, ocorre o uso de tubos termoplásticos (PVC, PEX, PP, PPVCC e CPVC), que não geram deposição de resíduos em seu interior, assim podem ser implantados trechos de redes hidrossanitárias em paralelo às existentes, resolvendo as obstruções em prédios antigos e mesmo em algumas construções que usem tubulações de cobre, aço galvanizado, chumbo e ferro fundido.

No caso de reabilitação em redes de água, a sistemática deve ser de alojar a tubulação em espaços horizontais (sobre piso ou forro) ou em espaços verticais (*shafts*), visando facilitar que as futuras manutenções possam ser realizadas em condições convenientes. Entretanto, quando na recuperação de sistemas de condução de águas, estes podem ser posicionados em prismas existentes na construção, o que evitaria a retirada e substituição de tubulações inseridas em paredes e pisos. Convém relembrar que tanto o sistema de distribuição de água como de condução de efluentes e de drenagem de águas residuais devem ter um elevado número de visitas e de caixas de passagem para permitir futuras manutenções. Ademais, nas soluções de intervenções nas redes deve-se considerar a possível necessidade de instalação de marcadores (hidrômetros), que indicariam o consumo individual das economias para as concessionárias, o que é uma exigência contemporânea. No caso de tubulações para água quente, em benfeitorias reabilitadas, deve-se considerar um projeto de isolamento térmico, com materiais isolantes que conservem o aquecimento realizado. No isolamento térmico, é recomendado que este seja posicionado em *shafts* e passagens horizontais, mas que possa permitir, por visitas, as intervenções para manutenção e ampliação para as exigências locais.

Dentre as boas práticas na reabilitação de redes hidráulicas prediais, pode-se sugerir:

1. A adoção de alinhamentos pelo mesmo eixo de tubulações e de seu esgotamento em banheiros contíguos.
2. A solução de engrossar a parede de apoio posterior em bancadas de lavatórios e cozinhas, com elementos móveis que permitam facilidade para futura manutenção.
3. A implantação de aberturas tipo *shaft* em regiões de áreas molhadas, visando ali inserir as novas tubulações das redes.
4. A verificação de vazamentos com o uso de geofonia eletrônica, para permitir detectar e localizar patologias, antes da abertura de rasgos em revestimentos.
5. A investigação de como foram realizadas as ligações nas tubulações, quanto a emendas, curvas e posição de apoio.
6. A verificação das condições dos tubos de ventilação das colunas de água.
7. O reconhecimento das posições dos escapes (ladrões) existentes nos diversos aparelhos hidráulicos da rede.

5.7.2 Sistema elétrico

A constante evolução das necessidades da vida moderna tem conduzido a intervenções visando adequar os bens edificados às necessidades para a melhoria nas instalações elétricas. Embora em muitas oportunidades ocorram intervenções no sentido de adaptações, raramente estas são suficientes para atender de forma plena e segura as exigências atuais das construções urbanas. Dentre as exigências mais frequentes há o aumento de potência por novos consumos, as contingências de disposições regulamentadoras decorrentes de critérios de segurança e de funcionalidades no bem construído. Por vezes, a decisão mais adequada seria considerar uma instalação completamente nova, mas esta pode não ser a mais econômica. Assim, para proceder à reabilitação de uma instalação elétrica é necessário:

1. Inspeção visual das condições existentes.
2. Medição da resistência de isolamentos.
3. Verificação do grau de envelhecimento e comprometimento do conjunto da rede.
4. Verificação das cargas e equacionamento da distribuição dos circuitos.
5. Testes dos componentes da rede (disjuntores, interruptores, tomadas), como também a intensidade de corrente deve ser verificada.
6. A verificação da dissipação de calor e as medições de resistência de terra.
7. A análise dos condutores e como estes tiveram a distribuição da fiação, além de conferir os pontos fixos de apoio para suporte destas tubulações.

Também nas reabilitações em redes elétricas, as patologias mais frequentes são listadas a seguir.

5.8 Recomendações do capítulo

Nas patologias que têm origem no comprometimento da solução estrutural existente, deve-se estudar de imediato a possibilidade da remoção de sobrecargas e providenciar escoramentos que possam propiciar condições da recuperação da estrutura.

A presença de extensões de fios em pisos ou posicionadas em catenárias, ou ainda mal fixadas em paredes.

- deve-se providenciar a colocação de dutos ou conduítes que tenham caixas de passagem posicionadas em intervalos máximos de 4 metros.

A existência de benjamins e gambiarras

- devem-se isolar estes elementos e substituí-los por tomadas ligadas aos circuitos que possam permitir segurança da instação elétrica, principalmente quando a região apresentar aumento de temperatura, indicação de rachaduras, ressecamento e enegrecimento de fios e dos componentes das instações.

Quando ocorre a falta de identificação dos dispositivos de comando, operação e proteção dos circuitos

- devem-se reconhecer as características e as limitações de cada tipo de componente do circuito, e identificá-lo por etiquetas, placas e outros meios de informação adequados.

Quando for verificado que os condutores se apresentam com cores fora do padrão

- a solução seria substituí-los por condutores novos, seguindo as recomendações da NBR 5410.

Em situações em que foram executadas emendas com fios de bitolas diferentes, ou ainda estejam presentes antigos condutores rígidos, com sinais de envelhecimento

- deve-se proceder a uma análise do tipo das emendas e conexões realizadas em função das cargas demandadas e proceder a substituição dos circuitos comprometidos.

FIGURA 5.41   Métodos de correção em patologias mais frequentes em sistemas elétricos.

Nas patologias em revestimentos argamassados, quando de sua recuperação, deve-se pesquisar a origem dos materiais empregados e analisar como poderão ser restabelecidas as características ideais que não comprometam o entorno da área em intervenção.

Nas patologias de revestimentos cerâmicos, é primordial que haja um estudo sobre a compatibilidade da estética reabilitada *versus* as condições das patologias existentes.

Nas patologias de revestimentos em pinturas, deve ocorrer como primeira ação a identificação do tipo de pintura e de como foi aplicada, assim como identificar a textura e cor.

Nas patologias em coberturas, principalmente em antigas coberturas, que tenham telhas e chapas diferenciadas, deve-se levar em consideração a condição de que a recuperação possa implicar ter como módulo uma água (pano) completa. Nesta circunstância, as peças de cobertura em boas condições poderiam ser recicladas para a próxima água a ser recuperada, o que permitiria maior facilidade de ter peças que possam atender as dimensões geométricas de encaixe e de caimento da cobertura.

Nas patologias que existam em caixilharias, pisos, forros e lambris de madeira, devem as intervenções ser dirigidas inicialmente aos focos que deram origem às patologias, para em seguida providenciar as recuperações necessárias.

Nas patologias em elementos metálicos, devem-se observar e ensaiar por processos mecânicos todas as condições gerais dos componentes em perfis, parafusos e porcas, de tal modo que possa se resguardar a capacidade de permanência, destes componentes, para o conjunto a ser recuperado. Só então, se deve proceder às ações de recuperação das áreas danificadas ou corroídas.

Nas patologias de revestimento em pedras, deve-se reconhecer o tipo das superfícies, quanto ao seu nivelamento e alinhamento, e também em relação às características das pedras, e se estas seriam pedras macias (areníticas e mármore) ou duras (granito e ardósia), para então definir o processo de recuperação.

Nas patologias de revestimentos cerâmicos, inicialmente deve-se executar um reconhecimento da estabilidade do revestimento, para em seguida documentar as suas condições de aparência com um registro gráfico e fotográfico, após o que seria escolhido o processo de recuperação do revestimento.

Nas patologias em sistemas hidráulicos, deve-se, após o seu reconhecimento, verificar se a rede está em carga e se há meios alternativos de manter o sistema ativo, realçando que no caso de abandono de trechos de tubulações, estes devam ser drenados e selados, o que evitará o aparecimento de culturas biológicas.

Nas patologias em sistemas elétricos, quando estas têm a sua origem no grau de envelhecimento e de comprometimento do conjunto da rede, é primordial o equacionamento da distribuição nos circuitos e a verificação de como devem ser conduzidas as intervenções, para que além de atenderem a demanda exigida, possam também oferecer funcionalidades no futuro para novas intervenções nas instalações elétricas.

CAPÍTULO 6

As Práticas na Reabilitação, com o Uso de Técnicas Contemporâneas

SUMÁRIO

6.1 Reabilitação de Estruturas

6.2 Reabilitação de Coberturas e Caixilhos

6.3 Reabilitação de Revestimentos

6.4 Reabilitação de Pisos

6.5 Reabilitação de Sistemas Hidrossanitários

6.6 Reabilitação de Redes Prediais

6.7 Recomendações do Capítulo

No último século, na reabilitação de edificações foram adotados produtos inovadores e técnicas que oferecessem qualidade na execução dos processos construtivos e facilidades nas intervenções.

Assim, o uso do aço inoxidável e do alumínio possibilitou a utilização de materiais beneficiados e reciclados, o que tornou mais viável a recuperação das construções. Outro aspecto foi uma nova "onda" no uso de produtos derivados de petróleo, como os policarbonatos em telhas e esquadrias; o polipropileno (ACM) em revestimentos e em recobrimentos tipo película (*siding*), como também o uso de PVC/vinil em caixilhos e pisos flutuantes, e nos acessórios hidrossanitários. Outras opções são na colocação de elementos sobrepostos em placas cimentícias e o uso de laminados melamínicos (fórmica) em paredes e pisos, e do metilmetacrilato (corian) em bancadas, lavatórios e banheiras, além do uso de gesso acartonado, tanto em revestimentos internos, como para execução de novas compartimentações nas unidades recuperadas.

Assim, para caracterizar os procedimentos citados, indica-se a seguir um conjunto de procedimentos utilizados em elementos a serem reabilitados.

6.1 Reabilitação de estruturas

6.1.1 Estruturas de concreto

No Brasil, a maioria das construções, sejam residenciais, industriais ou comerciais, tem no concreto o principal material estrutural. Entretanto, considerando a durabilidade dos materiais, seus reparos, reforços e recuperações, recomenda-se garantir a segurança e preservar a estética da construção, sendo as principais técnicas de reabilitação:

1. Reparo com argamassa.
2. Reparo com graute.
3. Reparo com concreto tradicional.
4. Reparo com concreto projetado (utilizado sob pressão).
5. Reparo com aplicação de chapas e perfis metálicos.
6. Reparo com uso de polímeros reforçados com fibra de carbono.

a) Reparo com argamassa
Esse tipo de reparo é recomendado para superfícies degradadas que não atinjam mais de 5 cm de profundidade. Essa técnica é utilizada no enchimento da anomalia e também na recomposição de ornatos.

Os traços mais utilizados de argamassas são 1:4 (cal:areia) para emboço de uso interno e 1:2:9 (cimento:cal:areia) para emboço externo, isto a partir do reconhecimento local para a verificação do equilíbrio dessas argamassas com as existentes.

Também podem ser utilizadas argamassas de cimento e areia quase secas, que são recomendadas para cavidades mais extensas em áreas de difícil acesso ou perfurações que atravessariam paredes. O preenchimento destas cavidades deve ser feito em camadas sobrepostas, com no máximo 1 cm, a partir de uma limpeza local e a execução de uma pintura de acabamento em adesivo epóxi ou acrílico, e no uso de argamassas secas é necessário promover a sua compactação com um soquete, preferencialmente de madeira, para bem encunhar o material até o preenchimento da cavidade. Estas argamassas devem ser utilizadas em locais onde haja umidade permanente.

b) Reparo com graute
Este tipo de reparo é indicado quando existem condições especiais na recuperação de uma estrutura de concreto, pois através de um cachimbo (conduto facilitador de aplicação da argamassa) se considera a uniformidade e compacidade do preenchimento realizado com uma argamassa úmida, que deve ser mantida nesta condição de processo de cura por pelo menos 3 dias, podendo ser utilizado um aglomerante de resina epóxi que permita alta fluidez e alta permeabilidade.

Na opção de utilizar um traço de argamassa seca, existindo umidade local, recomenda-se que este traço seja idêntico ao do concreto original, mas com brita zero e que se acompanhe a sua cura por pelo menos 5 dias.

Quando da recuperação de peças em concreto, que tenham atingido a região das armaduras, estas devem ser limpas e, em seguida, deve ser aplicado um adesivo acrílico de uma argamassa polimérica, que tenha como característica a tixotropia (característica de não escorrer mesmo que utilizada em planos inferiores de lajes), com camadas de espessura máxima de 0,5 cm, por vez.

Na condição de liberação de uma estrutura a ser recuperada em um curto prazo, em que se espera elevada resistência mecânica contra agentes agressivos, recomenda-se o uso de argamassa epoxídica, que tem um rápido tempo de cura, sendo aplicada em duas etapas:

1. Com a aplicação de mistura de uma resina e endurecedor.
2. Pela aplicação pressionada da argamassa epoxídica no local em recuperação.

c) Reparo com concreto tradicional

A recuperação com concreto tradicional deve ser para recompor pequenos danos nas superfícies e partes de peças que apresentaram falhas de concretagem, ou ainda em estruturas pouco deterioradas. Esse tipo de reparo implica abertura do local, visando obter superfícies sãs e a aplicação de concreto fluido, possivelmente com aditivos plastificantes e/ou expansivos e com a garantia de manter a superfície constantemente úmida por sete dias.

d) Reparo com concreto projetado (utilizado sob pressão)

Esse sistema é utilizado na recuperação e no reforço estrutural de peças de concreto armado onde o acesso será em um processo contínuo de projeção de uma argamassa sob pressão, normalmente por meio de um mangote e liberada através de um bico injetor que conduz o material ao local de aplicação.

Existem dois métodos do emprego do concreto projetado. O primeiro é por via seca, que recebe água durante o manuseio e lançamento da mistura, e o segundo é por via úmida, quando a argamassa é homogeneizada e conduzida por um mangote até o local da recuperação. Em ambas, devem-se usar agregados de no máximo 19 mm e controlar a relação final de água/cimento entre 0,35 e 0,50.

Também na recuperação de estrutura de concreto podem ocorrer fissuras que variam de 0,1 a 0,3 mm, devido à presença de atmosfera úmida, agressiva, havendo a necessidade de executar a estanqueidade da peça. As fissuras também podem ser graduadas, nas que tenham movimentação ou que sejam passivas. Assim, as fissuras sem movimentação (estáveis), são mais fáceis de ser reparadas, ao contrário das que apresentem uma progressiva degradação por movimentação, pois mesmo durante a sua recuperação podem se revelar difíceis de ser controladas.

Para o conhecimento do tipo das fissuras deve-se reconhecer o seu estado dinâmico e plástico, qual seja a razão de sua origem, a saber:

1. Fissuração por retração hidráulica – possivelmente por excesso de água de amassamento, com cura ineficiente e a presença de altas temperaturas.
2. Por retração térmica – que tem sua origem na variação do gradiente térmico entre o interior da peça e a sua superfície.
3. Fissuração por secagem rápida – ocorre por uma dinâmica de secagem superficial relativamente brusca, que não foi acompanhada pela massa do concreto.
4. Fissuração por má execução – normalmente esse tipo de fissura é consequência de descuidos quando no lançamento e preenchimento de formas, ou então no deslocamento de armaduras quando da compactação.

Todas as formas de fissuras citadas indicam que, no caso de uma reabilitação (recuperação), deve-se verificar se a origem principal das fissuras foi por uma deficiência do projeto ou por ações mecânicas continuadas, pois o não conhecimento de sua origem pode gerar o insucesso na sua recuperação.

As técnicas de recuperação das fissuras são divididas em três, a seguir:

1. Técnica de injeção: esta pretende o enchimento do espaço formado na fissura para reestabelecimento do monolitismo com a vedação da fenda e utiliza uma bomba de injeção para preenchimento com uma resina epoxídica, através da inserção de tubos de injeção, que vão facilitar o bombeamento da argamassa (Figura 6.1).

FIGURA 6.1   Injeção de resina epoxídica.

2. Técnica de selagem: é uma técnica utilizada para preenchimento de uma fenda, que foi ampliada por um sulco, com formato em "V", onde é aplicada uma resina em selagem epoxídica, tendo um delimitador na parte inferior do sulco, normalmente um cordão de poliestileno (Figura 6.2).

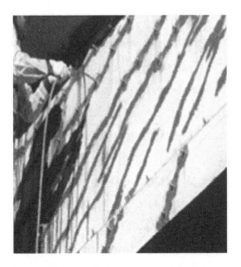

FIGURA 6.2   Selagem epoxídica.

3. Costura de trincas (método do grampeamento): este método, muito utilizado em estruturas mistas de blocos de pedra e argamassas, também pode ser utilizado para fazer face a esforços de tração que causaram a trinca. A técnica visa aumentar a rigidez da peça de forma localizada com a aplicação de grampos a serem fixados sobre as trincas. Contudo, se o fato gerador da trinca continuar, a solução não será a adequada, pois novos grampos seriam necessários para permitir a recuperação local, mas que podem ser dificultados por inclinações diferentes nas superfícies. Também é muito importante indicar que antes do processo de grampeamento deve-se, no possível, descarregar as cargas excessivas existentes. Por vezes, o grampeamento deveria ser recoberto por uma argamassa de proteção que serviria para preencher desníveis e furos pela colocação dos grampos (Figura 6.3).

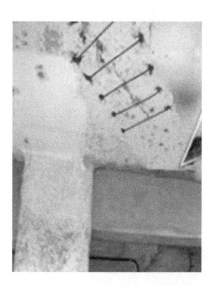

FIGURA 6.3 Grampeamento de trincas.

e) Reparo com aplicação de chapas e perfis metálicos

Os reforços em estruturas de concreto também podem ser realizados com o uso de chapas metálicas coladas às superfícies a serem recuperadas com resina epóxi.

Entretanto, as chapas são utilizadas quando se necessita de uma resposta emergencial ou quando não são permitidas as alterações da geometria da peça. Este tipo de solução permite limitar a desagregação de qualquer estrutura que apresente desagregação por fissuras/trincas, podendo a chapa de aço utilizada também suprir outros esforços dinâmicos de carregamentos (Figura 6.4).

FIGURA 6.4 Aplicação de reforços em chapas metálicas.

Também aliada aos reforços por chapas metálicas envoltórias nas peças de concreto, pode ocorrer a injeção de concreto sob as áreas livres das chapas metálicas, utilizando um concreto de alto desempenho, o que propiciaria uma vantagem com uso conjunto destas soluções.

FIGURA 6.5 Injeção de concreto.

f) Reparo com uso de polímeros reforçados com fibra de carbono

Desde a última década, ocorre a disponibilização de um procedimento que, embora dispendioso, apresenta características de ter uma rápida aplicação, sem grandes intervenções nas estruturas de concreto, por colagem de mantas em fibra de carbono, que envolvem as peças estruturais com bom resultado.

Entretanto, são necessários estudos deste tipo de reforço para verificar se os esforços de flexão poderiam atender às necessidades de cada estrutura em recuperação. No presente, o uso de fibra de carbono colada com polímero, como fonte única de suporte, é recomendada principalmente para pilares (Figura 6.6).

FIGURA 6.6 Manta de fibra de carbono na recuperação de peças estruturais.

6.1.2 Estruturas auxiliares metálicas

Para construções onde não seja possível a execução de intervenções nas suas estruturas de concreto, recomenda-se usar estruturas auxiliares metálicas que possam estar situadas em prismas de passagem ou pela colocação de edículas. Estas intervenções podem atender às necessidades de benfeitorias de transporte vertical e na consolidação da recuperação de estruturas da edificação. Neste tipo de benfeitoria, podem estar montados perfis para a colocação de escadas, elevadores e monta-cargas, além de permitirem suporte auxiliar na recuperação de estabilidade de estruturas onde se faça necessário e como estas intervenções podem fazer parte de um acréscimo no tipo envelope, em muitas oportunidades a benfeitoria é realizada com fechamento por vidros/polipropileno, conforme a seguir.

FIGURA 6.7 Colocação de estruturas auxiliares metálicas no Museu Reina Sofía.

6.2 Reabilitação de coberturas e caixilhos

Quando da execução de elementos protetores junto a passagens e coberturas de edificações, podem-se utilizar componentes em policarbonato que substituiriam as telhas e vidros de caixilhos, tendo como vantagens a diminuição de sobrecargas e a melhoria no fluxo luminoso, além de possibilitar a readequação de estruturas existentes para as necessidades locais.

Neste procedimento de recuperação, há de se considerar as condições de manutenção e limpeza futuras, além dos aspectos de acessibilidade às benfeitorias realizadas. Ademais, o policarbonato se apresenta muito mais leve do que no uso de vidros, além de ser mais flexível quando existirem forças dinâmicas por ventos, e a fixação do policarbonato aos caixilhos deve ser com gaxetas e por fixadores com colas em silicone (Figura 6.8).

FIGURA 6.8   Foto de caixilho em PVC.

No presente, as placas de policarbonato já são fornecidas em formatos diversos, inclusive em curvas e ângulos, que podem ser moldáveis em caixilhos e nas estruturas de coberturas, como também se apresentam com filmes que diminuem ou eliminam o envelhecimento por oxidação, que ocorre pela ação ultravioleta dos raios solares.

FIGURA 6.9   Policarbonatos em telhas e esquadrias.

Nos caixilhos também, se pode utilizar o PVC – policloreto de vinila que já pode vir customizado na superfície em cores, identificando-se com peças metálicas, de madeira e até com elementos de argamassa. Tal vantagem facilitaria uma reabilitação, na medida em que dispensaria a pintura dos caixilhos, e ainda, por se tratar de conjuntos industrializados, teriam pouca variação de dimensões na volumetria das peças. Somando a isto, ainda há a possibilidade de fixar as peças com poliuretano expandido, o que eliminaria a colocação de chumbadores e tacos, evitando-se, então, cortes e aberturas de rasgos para a fixação das peças reabilitadas, fornecidas montadas com bandeiras e gregas, que copiariam e respeitariam a arquitetura existente nos caixilhos originais.

6.3 Reabilitação de revestimentos

6.3.1 Para os revestimentos em elementos do tipo sanduíche de alumínio e polipropileno — "ACM"

Este procedimento é recomendado para fachadas que tenham um estado de deterioração acentuado, mas que não estejam em desagregação. Para tanto, deve-se executar um engradamento das áreas e, neste, fixar painéis denominados de ACM ou alumínio composto que são placas em sanduíches de polipropileno e alumínio, sendo este pintado ou decorado com películas que reproduzem elementos construtivos, tais como: tijolos aparentes, massa em relevo, painéis de pedra ou em relevo de madeira. As Figuras 6.10 e 6.11 que indicam a colocação de ACM por sobreposição em revestimentos existentes.

FIGURA 6.10 Polipropileno (ACM) em revestimentos sem ventilação.

A execução de revestimentos sobrepostos nas fachadas visa propiciar uma renovação das características arquitetônicas e visuais da construção, com a oportunidade de utilizar o afastamento entre o conjunto de painéis e a fachada existente, permitindo que haja um caminho condutor de ar, o que propiciará o isolamento térmico e acústico da fachada em relação ao meio externo.

Outro aspecto vantajoso é que a fachada oculta pode ter a sua conservação ampliada, por estar com uma sobrecapa e ao abrigo de excessos de umidade e da ação de raios ultravioleta, além do isolamento térmico que se faz pelo deslocamento por convecção do ar quente, através do afastamento existente, que permite aspirar o ar pelas aberturas inferiores para as aberturas superiores.

Entretanto, especial atenção deve ser dada, quando da implantação desta segunda fachada, para que sejam vedadas com telas tanto a parte inferior quanto a parte superior das aberturas, podendo ser colocados rufos com aberturas, mas que impeçam a entrada de pássaros e pequenos animais, evitando a permanência destes nas áreas livres dos condutos.

Adicionalmente, há a vantagem complementar na renovação arquitetônica do envelope da construção, com o uso desta segunda fachada renovada. Embora haja praticidade na execução e montagem, com a utilização de chapas ACM e/ou perfis metálicos (podendo estes ser espaçados para formar painéis vazados), também podem ser utilizadas placas cimentícias e de madeira, e até composições de vidro/polipropileno nesta fachada sobreposta à original.

Também nos painéis a serem sobrepostos podem existir elementos figurativos sobre a forma de decoração e/ou letreiros, inclusive com painéis luminosos, variando o espaçamento usual destes elementos de 5 a 15 cm, entre a fachada original e a sobreposta, o que permitiria ventilação e iluminação adicional.

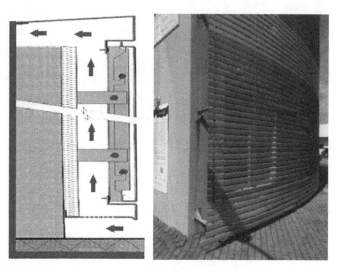

FIGURA 6.11   Polipropileno (ACM) em revestimentos (à esquerda) e chapas de alumínio com ventilação (à direita).

6.3.2 Recobrimento tipo película (*siding*) em PVC e madeira

Este tipo de revestimento é aplicado nas paredes externas das edificações visando, por sobreposição, ser o acabamento final. Fixa-se por encaixes do tipo macho/fêmea, recobrindo a superfície externa, mas nas reentrâncias/concordâncias com esquadrias e aberturas devem ser fixadas pequenas tabeiras (em PVC ou metálicas), para permitir uma concordância de acabamento. Este tipo de solução pode contar com a colocação de materiais de placas pré-pintadas que tenham no miolo um isolante térmico, com o isolamento das superfícies com hidrófugos, permitindo que a renovação ou recuperação da fachada possa ser realizada em curtos prazos, pois os elementos fixados já serão o acabamento final, inclusive dispensando pinturas (vide Figura 6.12).

FIGURA 6.12   Revestimentos tipo película (*siding*).

Outros materiais podem ser utilizados como revestimento no tipo *siding*, dentre os quais podem-se destacar as placas de madeira com pequenas aberturas (frestas), para permitir a ventilação entre elementos do revestimento sobreposto.

As Práticas na Reabilitação, com o Uso de Técnicas Contemporâneas **137**

FIGURA 6.13   Revestimentos tipo película de madeira (*siding*).

Outra variação que pode ser utilizada nas placas fixadas serão a existência de pequenas aberturas, compondo painéis decorativos vazados, que podem permitir a ventilação direta de circulações e áreas abertas, que estariam ocultas pela colocação da segunda fachada. Entretanto, atenção especial deve ser dada para que a reabilitação com o uso de painéis compondo uma segunda fachada possa permitir o livre uso dos caixilhos existentes na edificação. Na Figura 6.14, duas vistas de uma edificação com uso de painéis de polipropileno vazados, o que permitiu a permanência da fachada original, sem intervenções diretas.

FIGURA 6.14   Revestimentos em painéis de polipropileno expandido (*siding*).

Outro revestimento do tipo *siding* que pode ser aplicado sobre superfícies internas são os laminados melamínicos, pois a sua aplicação pode aproveitar a base existente, que receberia um nivelamento (isolamento) na sua superfície de folhas de laminado, fixadas através de cola de contato. Entretanto, deve-se ter especial atenção para que as bases não tenham materiais saibrosos, pois estes podem reagir com a cola gerando gases que provocariam bolhas, dificultando a fixação. Igualmente devem ser deixados espaçamentos entre placas para que haja a dilatação, tanto na horizontal quanto na vertical (em relação ao piso), pois em condições adversas haveria o comprometimento na fixação dos laminados. Como solução, pode-se aplicar uma folha de compensado (que serviria de base) e sobre esta colar o laminado melamínico, e para ocultar estas juntas poderiam ser utilizados laminados que reproduzissem padrões de madeira, cerâmicas ou elementos figurativos.

FIGURA 6.15 Laminados melamínicos (fórmica) em paredes.

6.3.3 Para revestimentos em painéis de placas cimentícias

Nas reabilitações em edificações antigas também poderiam ser montadas sobre um engradamento (usualmente metálico) painéis de placas cimentícias. A vantagem desta prática será a velocidade da execução da intervenção, além de não ser necessário interferir no revestimento existente, que ficaria oculto pelo revestimento sobreposto. Mas deveria haver uma paginação modular, visando uniformizar o uso de pequenos espaçamentos, entre placas, para permitir ventilação, dilatação e retração. Na Figura 6.16, há uma fachada com placas cimentícias sobrepostas à fachada original.

FIGURA 6.16 Revestimentos em painéis de placas cimentícias (*siding*).

6.3.4 Para revestimentos e compartimentação com gesso acartonado

O gesso acartonado, que pode ser utilizado na compartimentação, na execução de forro e como revestimento, é uma técnica executiva cuja estrutura é feita em perfis galvanizados, onde são colocadas placas, podendo ter a parte interna preenchida por isolante térmico ou acústico (lã de vidro) e também possibilitando a colocação de tubulações para distribuição hidráulica e elétrica.

Quando se utiliza o gesso acartonado como revestimento, este pode ser fixado diretamente sobre uma superfície em alvenaria ou em pedra, servindo de capa de reboco, e com isto eliminando a necessidade de substituição do reboco e emboço existentes. O gesso acartonado também serve para a execução de forros, sendo fixado a um engradamento ou posicionado com tirantes metálicos, sendo um material muito mais leve do que outras soluções oferecidas na execução de um forro. No caso de execução de uma compartimentação de áreas molhadas, devem-se usar placas hidrófugas e, ainda assim, aplicar pinturas isolantes, que melhorem as condições de estanqueidade dos locais.

FIGURA 6.17 Revestimentos em gesso acartonado em paredes e tetos.

FIGURA 6.18 Compartimentação em gesso acartonado.

Pode-se realçar que o uso do gesso acartonado em revestimentos de superfícies niveladas permitiria maior facilidade na execução de curvas e abóbadas, além de permitir que possam ser realizadas divisões de compartimentos, sem acréscimo significativo de carga.

6.4 Reabilitação de pisos

6.4.1 No Uso de pisos flutuantes em PVC/vinil

No caso de pisos existentes, a aplicação de pisos flutuantes em PVC requer a observação dos aspectos indicados na Figura 6.19

Verificações na aplicação

– a decisão de permanência do piso existente, desde que verificada a sua compacidade e as garantias de sua fixação e nivelamento;

– o preenchimento de quaisquer aberturas ou falhas existentes nos locais que irão receber o piso flutuante;

– a definição do nível de concordância junto a rodapés e soleiras, com um preparo das superfícies utilizando argamassa colante (no caso de pisos de madeira) e ainda a colocação de uma manta de polipropileno canelada, para isolamento acústico;

– a realização de um programa que defina o sentido de colocação das lâminas do piso flutuante, assim como a definição de suas emendas e pontos convenientes de juntas de dilatação;

– a previsão de colocação de uma manta plástica que permita que a abrasão causada no deslocamento de equipamentos e pessoas não danifique o novo piso de revestimento colocado.

FIGURA 6.19 Aspectos para verificação na aplicação de pisos em PVC.

Nas Figuras 6.20 e 6.21, exemplos de pisos em PVC.

FIGURA 6.20 PVC/Vinil aplicado como piso flutuante.

FIGURA 6.21 Piso tipo linóleo, em vinil, ambiente hospitalar.

No caso de áreas de pisos reabilitados para laboratórios e ambientes químicos, por vezes utiliza-se colocação de pisos que são fornecidos em rolos e colados diretamente sobre as superfícies a serem protegidas. Estes pisos inicialmente receberiam o nome de linóleo, que era uma mistura de linho, óleo de linhaça, cortiça e juta, mas na segunda parte do século XX este foi substituído por mantas vinílicas e sua particularidade é que possibilita uma dobra para a constituição de rodapés e piso, sem emendas, e assim pela forma permanece a denominação de linóleo.

6.4.2 Uso de pisos elevados metálicos

Esta solução deve ser utilizada quando há uma altura livre na região do piso, em relação à cota de soleira, que permita a colocação de colunas de apoio (pedestal), de tal maneira que se formem quadros que servirão de base para a colocação das placas, que vão estar elevadas em relação à laje ou base nivelada. Com isso poderá existir uma altura livre entre 10 e 30 cm, onde poderão ser posicionadas tubulações e condutores, evitando rasgos nas bases dos pisos e/ou junto ao alinhamento das paredes.

FIGURA 6.22 Piso elevado para área interna.
Fonte: Site15.

O piso elevado tem no seu plaqueamento o uso de materiais e acabamentos que devem ser escolhidos de acordo com a função do compartimento, tais como placas metálicas forradas com carpete ou laminado, ou ainda placas em compensados com acabamentos diversos. Em situações especiais, podem-se colocar placas em pedras (mármores e granitos), com paginação de acordo com a modulação dos quadros. Esta solução pode permitir a permanência do piso anterior que ficará oculto com a colocação do piso elevado, evitando gerar a retirada do piso preexistente e o consequente descarte de entulhos.

6.5 Reabilitação de sistemas hidrossanitários

6.5.1 Para tubulações e acessórios

As tubulações mais tradicionais na condução de água em edificações são de aço galvanizado e este pode gerar uma incrustação interna, que é resultante da deposição de carbonato em camadas sucessivas, com diminuição da seção da tubulação. Além disso, os tubos de aço galvanizado têm vida útil de cerca de 20 anos, pois ao serem executados são soldados e este tipo de tubulação conduz a que, junto das conexões de ferro maleável, ocorram rompimentos pela fadiga do material ou advinda de uma tensão provocada, em longo prazo, como consequência do aperto excessivo ou da pressão manométrica.

Também vícios construtivos podem ocorrer quando da colocação e fixação das tubulações, por aperto excessivo em registros, uniões e conexões, além do embutimento de tubulações que, por estarem encobertas em materiais resistentes, podem trincar devido à dilatação ou movimentação normal da própria estrutura da benfeitoria.

Em antigas edificações, devido às incrustações, há uma diminuição da vazão, o que pode conduzir à tentativa de desobstrução por meios mecânicos, que por vezes danificaria de forma definitiva a própria tubulação e seus acessórios.

Outro aspecto de degradação nos tubos metálicos e seus acessórios, principalmente os de cobre, é a ocorrência da chamada pilha galvânica, qual seja, a fixação ocorreu em contato direto de outro tubo metálico de natureza muito diversa e com a presença de água. Assim, tubos de cobre ou conexões em aço galvanizado podem adquirir corrosão prematura, conduzindo ao seu colapso.

Todos os casos citados conduzem à necessidade de estar atento para a que as derivações e acessórios das tubulações fiquem, tanto quanto possível, em

FIGURA 6.23   Instalações hidráulicas embutidas de PVC.

FIGURA 6.24   Posicionamento das instalações hidráulicas de PPR.

shafts, em pisos elevados, ou então aparentes, o que facilitaria a sua vistoria e recuperação.

O uso de tubos de materiais plásticos, tais como o PVC (Policloreto de Polivinila), o PEX (Polietileno Reticulado), o CPVC (Cloreto de Polivinil Clorado) e o PPR (Polipropileno Copolímero *Random*) conduzem à diminuição da ocorrência de patologias, podendo elevar a vida útil para aproximadamente 50 anos, por serem livres de corrosão e incrustações.

FIGURA 6.25   *Manifold* de tubos do tipo PEX.

Os tubos de PVC e os de CPVC são rígidos e adequados para ser usados na distribuição vertical e horizontal nas edificações, enquanto o PEX apresenta condutores flexíveis fornecidos em bobinas que são conectados por anéis metálicos deslizantes, o que favorece a distribuição em pisos elevados e em *shafts*, e o PPR é unido por termofusão, dispensando soldas, roscas e adesivos, mas é apresentado em tubos não flexíveis.

Outra possibilidade nas reabilitações prediais é a adoção de um sistema hidropneumático que, a partir da revisão na distribuição hidráulica existente, possa eliminar ou diminuir a necessidade de caixas d'água para pressão manométrica.

6.5.2 Para lavatórios e bancadas em metilmetacrilato (corian)

No caso da substituição de bancadas e lavatórios que tenham sido originalmente em louça ou mármore, pode o projetista adotar a opção do uso de metilmetacrilato, também denominado de corian, que permitiria que essas benfeitorias pudessem ser sem juntas ou emendas, facilitando a colocação e montagem em ambientes reabilitados (Figura 6.26).

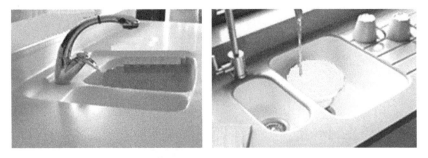

FIGURA 6.26   Metilmetacrilato (corian) em lavatórios e bancadas.

6.6 Reabilitação de redes prediais

6.6.1 Para redes de logística e de elétrica

Em construções contemporâneas, a necessidade e a exigência de meios de distribuição dos diversos ramais para comunicações, assim como para a rede elétrica, fazem com que o uso de *shafts* e de bandejas seja recomendado.

A alternativa para a distribuição de condutos de rede elétrica em *shafts* deve ser executada por aberturas verticais, em prumo, que ultrapassem os diversos níveis dos pavimentos e podem ser enclausuradas em armários e painéis que as ocultariam nos pontos de distribuição.

FIGURA 6.27   Fiação em bandejas.

Outra opção pode ser o uso nas paredes de bandejas fechadas, seja na posição vertical ou horizontal. Este tipo de elemento tem canaletas para a colocação de circuitos, com uma placa de encaixe para a sua vedação (Figura 6.28).

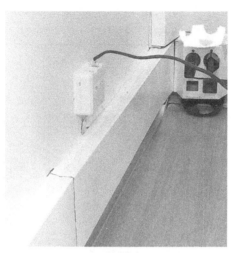

FIGURA 6.28   Canaletas.

Também podem ser colocadas bandejas fixadas acima do forro em uma posição onde possa existir acesso para a colocação livre das fiações, que deverão ter identificação. Todavia, poderão existir locais onde não se faz necessária a execução do forro ou, se este estiver em uma cota elevada, as bandejas ficarão visíveis junto à linha do forro/teto e com livre acesso. Este procedimento facilita a futura manutenção e elimina o corte para colocação de dutos, por vezes embutidos, na distribuição da rede elétrica ou na colocação de aparelhos de comunicação.

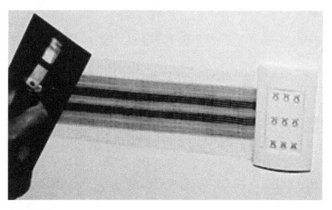

FIGURA 6.29   Eletrofitas de distribuição de energia elétrica.

Contudo, em situações especiais, quando não se fizer necessária a colocação de bandejas, pode-se substituí-las pelo que se denomina de fitas eletrificadas, que são fitas plásticas com filamentos elétricos, podendo estas fitas ser coladas diretamente sobre a superfície das paredes, e em seguida recobertas e pintadas, já que são de pequena espessura, conforme a Figura 6.30.

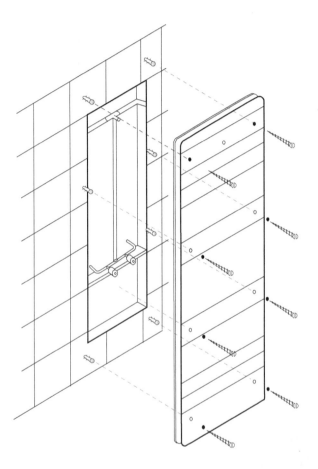

FIGURA 6.30 *Shafts* e painéis

6.6.2 Para redes hidrossanitárias

No caso de instalações hidrossanitárias, os *shafts* podem ficar junto ao boxe (Figura 6.30) onde estaria oculta a distribuição hidráulica que abrigaria os comandos e registros para chuveiros e bancadas, e um condutor tipo plastichumbo no caso de haver algum tipo de aquecedor de água.

6.7 Recomendações do capítulo

Nas intervenções para reabilitação em edifícios, devem ser observadas as boas práticas contemporâneas, começando pelo respeito ao conjunto arquitetônico, com as suas restrições e a identificação dos procedimentos quanto ao uso do material construtivo, tombamento do bem, necessidades dos usuários, intervenções futuras e consequências de impacto na vizinhança. Para tanto, indica-se a seguir uma lista de procedimentos a serem adotados na recuperação de um bem edificado:

- Utilizar argamassas industrializadas, que apresentem reconhecida qualidade, quando na intervenção em peças e estruturas de concreto.
- Aumentar o uso de pré-fabricados leves, em painéis, no tipo *Styroform* (EPS), visando facilitar as intervenções nos revestimentos e apliques.
- Considerar o uso de pisos vinílicos a serem sobrepostos a pisos existentes, para eliminar a retirada destes, e com isto não gerar entulhos e consequentemente diminuir o prazo executivo.
- Implementar o uso de pisos elevados para a distribuição de redes de tubulações, no tipo PEX e PPR, direcionadas a usar *shafts* e prumadas em prismas existentes.
- Analisar a implantação de painéis em laminados melamínicos sobrepostos em paredes e pisos, de modo a agilizar as intervenções, sem a necessidade de retirada dos revestimentos existentes.
- Utilizar "fitas" de distribuição de energia elétrica aplicadas nas paredes, evitando rasgos na colocação de ramais, ou utilizando condutores em plastichumbo, quando na presença de umidade.
- Considerar que novas compartimentações sejam de gesso acartonado e que as redes de elétrica e de comunicação sejam sobrepostas em bandejas.
- Estudar a diminuição do uso de revestimentos externos visando a colocação de apliques dos tipos ACM ou *siding*.
- Analisar a possibilidade da implantação de estruturas auxiliares metálicas, que possam solucionar o transporte vertical/horizontal, assim como estudar a possibilidade de implantação de platibandas em estruturas metálicas externas, para serem utilizadas como espaços úteis para a colocação de equipamentos auxiliares ou de climatização.

CAPÍTULO 7

Considerações na Reabilitação

SUMÁRIO

7.1 Reabilitação Predial, sem Restauração

7.2 Reabilitação Predial, com Restauração

7.3 Boas Práticas da Reabilitação Predial

7.4 Reflexões Finais

O dinâmico crescimento da população mundial vem conduzindo a expansão dos centros urbanos para regiões periféricas das cidades. Neste aspecto, segundo previsão do Instituto Brasileiro de Geografia e Estatística (IBGE) há a necessidade de resgatar antigas áreas para atividades sociais e habitacionais, pois, nos próximos 30 anos, mais de 90% da população viverão no meio urbano, e a reabilitação predial será um meio exequível de adaptar e conservar em condições contemporâneas as benfeitorias existentes.

Contudo, em muitos dos espaços que poderiam estar disponíveis, existem construções, como no exemplo da cidade do Rio de Janeiro, que têm cerca de 1.8 milhão de imóveis com média de idade das construções superior a 40 anos, onde indica-se a premência de uma renovação urbana.

Adicionalmente, é de suma importância a implantação de políticas que reconheçam como funciona a edificação e interpretem as necessidades do imóvel para os seus usuários, conduzindo a um conjunto de ações de manutenção e de boas práticas de gestão, que podem ser divididas em reabilitação sem e com restauração, conforme descrito a seguir.

7.1 Reabilitação predial, sem restauração

Como nas benfeitorias contemporâneas não há a obrigatoriedade de observar os procedimentos dos institutos de patrimônio histórico, cultural e artístico, é factível a realização de intervenções no ambiente construído, segundo regras e parâmetros, que considerariam primordialmente os objetivos técnicos e econômicos na reabilitação predial. Portanto, as requalificações, modificações e a recuperação de patologias poderiam ocorrer com a substituição e a alteração dos elementos construídos, sem a necessidade de retornar às condições originais.

Todavia, em situações especiais, pode uma benfeitoria adquirir aspectos sociais que exijam o respeito às suas características estéticas e de costumes locais, conduzindo a uma recuperação, com livre-arbítrio do modelo de intervenção. Assim, apresenta-se a seguir um conjunto de recomendações na reabilitação predial, sem restauração, por vezes denominada de *retrofit*:

1. Analisar a possibilidade de utilizar a infraestrutura existente, quanto a sua permanência e aproveitamento, inclusive nas fundações.
2. Dividir as recuperações por áreas físicas que possam ser complementares na sua reabilitação, visando impedir que haja a descontinuidade nas intervenções.
3. Prever a implantação de infocomunicação embarcada na construção para garantir a funcionalidade no bem edificado, inclusive em futuras adaptações.
4. Eleger as intervenções segundo critérios de usabilidade, que possam atender às demandas contemporâneas e vinculados à vida útil para execução de futuras conservações e manutenções.
5. Considerar a necessidade de compatibilização entre a estrutura física existente a biológica nos locais a serem recuperados.
6. Premiar as intervenções com o uso de materiais de longo ciclo de vida e baixo impacto ambiental, focando no desempenho do conjunto recuperado, para conciliar com a previsão de futuras manutenções.

7.2 Reabilitação predial, com restauração

Nas reabilitações onde seja obrigatório observar as diretrizes da legislação de preservação, no tombamento (dos institutos IPHAN, INEPAC) e órgãos competentes deve-se, a partir do diagnóstico das condições do bem a ser recuperado, estabelecer recomendações na reabilitação predial, observando os condicionantes de sua restauração, como indicado a seguir.

1. Proteger o sítio da benfeitoria visando levantar evidências que caracterizem a forma de intervenção a ser adotada.

2. Sistematizar os trabalhos para promover um equilíbrio entre a recuperação e a possível modificação, que possam gerar alterações no uso, nos volumes ou nas cores.
3. Recuperar o bem edificado no objetivo de conservar aspectos históricos e estéticos, vinculando as ações aos materiais e documentos originais.
4. Propiciar que a restauração de um elemento construído se faça com o conhecimento das técnicas construtivas originais e de um estudo documentado da seleção das soluções mais adequadas.
5. Executar, preferencialmente, as intervenções de deslocamento vertical/horizontal, por elementos de estruturas auxiliares metálicas, colocadas e fixadas às benfeitorias, mas sem descaracterizá-las.

7.3 Boas práticas da reabilitação predial

Assim, a partir da opção de reabilitação adotada, deve o gestor escolher as características de cada benfeitoria, que customizadas poderiam garantir as melhorias no desempenho nas intervenções realizadas, como indicado a seguir.

1. Promover as intervenções na recuperação em patologias, com um descritivo de procedimentos presentes e futuros, acompanhados de documentação figurativa.
2. Definir, quando possível, a substituição na distribuição hidráulica tradicional para a adoção de sistemas hidropneumáticos, visando eliminar ou diminuir a existência de reservatórios reguladores de pressão.
3. Implementar o uso de revestimentos externos nas reabilitações com o uso de painéis modulares, que possam proteger a edificação, simplificando as manutenções e com isto viabilizando as intervenções.
4. Incrementar a substituição e o uso de tubulações que permitam flexibilidade, como o Polietileno Reticulado (PEX) ou o Polipropileno Copolímero *Random* (PPR), eliminando conexões e ramais, como também fazendo a sua distribuição em passagens no tipo *shafts* e em pisos elevados.

5. Mobilizar esforços para que todo o descarte de resíduos, quando na execução de uma intervenção, seja realizado obedecendo critérios de reaproveitamento e reciclagem, além de definir uma destinação adequada.
6. Propiciar que as coberturas recuperadas tenham acessos que permitam facilitar a sua conservação e recuperação, e para tanto devem ser previstas passagens por passarelas técnicas, com escadas e alçapões, assim como ancoragens para fixação de andaimes.
7. Inspecionar, mediante rotinas temporizadas, se as intervenções em áreas sujeitas a movimentações e recalques, e com juntas de dilatação, estariam atendendo as solicitações exigidas pelo conjunto reabilitado.

7.4 Reflexões finais

Em face de o patrimônio edificado de nossas cidades necessitar sua preservação cíclica a cada 20 anos, e também pela existência de longos períodos de omissão, nesta área, existe uma expressiva quantidade de imóveis e demais benfeitorias urbanas, que deveriam ter intervenções de reabilitação, antes que o estado de degradação possa inviabilizar a recuperação dos bens construídos.

Neste contexto, a prática de realizar diagnósticos é importante para o sucesso de uma intervenção, pois identificaria as limitações e as opções nos métodos de recuperação.

Assim, o reconhecimento dos elementos construtivos e o levantamento das patologias são vitais para equalizar a complexidade de uma reabilitação, aliados ao conhecimento de como preservar o valor cultural e histórico das benfeitorias.

Toda e qualquer intervenção deve estar, ainda, aliada à futura necessidade de incorporação de novas tecnologias. Entretanto, é válido ressaltar que a legislação para a reabilitação está frequentemente desatualizada quanto às normas e critérios técnicos, pela inexistência de conhecimentos de novas soluções construtivas e de sua possível aplicabilidade nas ações exigidas, sendo usual não ocorrer o convencimento dos utentes e contratantes, quanto ao uso de materiais inovadores.

Finalmente, esperamos que o objeto desta pesquisa contribua para a preservação dos espaços edificados e o conhecimento da Reabilitação Predial, e realçamos que as técnicas apresentadas nesta obra serão complementadas no próximo volume da Coleção Construção Civil na Prática, intitulado *Técnicas da Construção*.

Bibliografia

CAPÍTULO 1

CONCREMAT ENGENHARIA E TECNOLOGIA. Rio de Janeiro: Acervo, 2015. p. 9.

ESTILO DE VIDA DEFINE TENDÊNCIAS NA ARQUITETURA. Disponível em : <http://www.jeacontece.com.br/?p=67516>. Acesso em: 17 maio 2018.

MABEL PORTAS E JANELAS. Disponível em: <http://www.mabelportasejanelas.com.br/>. Acesso em: 15 maio 2018.

MARINHO, M.J.P.S. *Reabilitação predial em Portugal e no Brasil.* Dissertação de Mestrado – FEUP, Portugal, 2011. Dissertação (Mestrado) - FEUP, Porto.

MORAES, V. T. F.; QUELHAS, O. L. G. O Desenvolvimento da Metodologia e os Processos de um "Retrofit" Arquitetônico. *Revista Sistema e Gestão*, 7, p. 448-461.

CAPÍTULO 2

BRASIL. *Código de Defesa do Consumidor.* Lei N°. 8.078, de 11 de setembro de 1990. p. 25.

IBGE - Instituto Brasileiro de Geografia e Estatística / Diretoria de Pesquisas. *População e Indicadores Sociais, Pesquisa de Informações Básicas Municipais 2005/2015*, 2015. p. 22.

CAPÍTULO 3

BARRIENTOS, M.I.G.G. *Retrofit de edificações*: estudo de reabilitação e adaptação das edificações antigas às necessidades atuais. 2004. Dissertação (Mestrado em Arquitetura) - Faculdade de Arquitetura e Urbanismo, UFRJ, Rio de Janeiro.

_____; QUALHARINI, E.L. Intervenção e reabilitação nas edificações. In: V Congresso de Engenharia Civil, Juiz de Fora, 2002.

_____; _____. Retrofit de construções: metodologia de avaliação. *In*: I Conferência Latino-Americana de Construção Sustentável - X Encontro Nacional de Tecnologia do Ambiente Construído, São Paulo, 2004.

CÂMERA DIGITAL SONY DSC-H400. Disponível em: <https://www.magazineluiza.com.br/camera-digital-sony-dsc-h400-20.1mp-tela-3-zoom-optico-63x-filma-hd-foto-panoramica/p/7166755/cf/dicm/>. Acesso em: 25 maio 2018.

FLUKE-Ti25. Disponível em: <http://www.powertronics.com.br/categorias/termometro--termovisor/82/fluketi25/82/>. Acesso em: 23 maio 2018.

158 *Bibliografia*

LANZINHA, J.C.G. *Reabilitação de edifícios*: metodologia de diagnóstico e intervenção. Covilhã: Fundação Nova Europa – UBI, 2009. p. 53-57.

NÍVEL DIGITAL TRIMBLE DINI. Disponível em: <http://tecnologiasdaagrimensura.blogspot.com/2014/12/podemos-observar-seguir-alguns-dos.html>. Acesso em: 25 maio 2018.

PAQUÍMETRO ANALÓGICO UNIVERSAL MITUTOYO 150 MM – 530-102. Disponível em: <https://www.antferramentas.com.br/paquimetro-analogico-universal-mitutoyo-150mm/p..> Acesso em: 23 maio 2018.

SCANNER DE PAREDE SEM FIO. Disponível em: <https://aramaquinas.com.br/Scanner-de-parede-port%C3%A1til-DCT419S1>. Acesso em: 23 maio 2018.

CAPÍTULO 4

CONEXÕES INTELIGENTES. São Paulo, mar. 2002. Disponível em: <http://techne17.pini.com.br/engenharia-civil/60/sumario.aspx>.

CONSUMO DE ENERGIA ELÉTRICA TEM PRIMEIRA ALTA EM TRÊS ANOS. Disponível em: <http://www.ceisebr.com/conteudo/consumo-de-energia-eletrica-tem-primeira-alta-em-tres-anos-.html>. Acesso em: 12 de junho de 2018.

EMPRESA DE PESQUISA ENERGÉGICA (EPE). Disponível em: http://www.ceisebr.com/conteudo/consumo-de-energia-eletrica-tem-primeira-alta-em-tres-anos-.html. Acesso em: 31 jan. 2020.

MARCHESIN, M.M. Investimentos em renovação de edifícios: recomendações a partir de um estudo de caso. *In*: 11ª Conferência Internacional da LARES. São Paulo, 2011. p. 70.

MASTERS, L.W. *North Atlantic Treaty Organization*: problems in service life prediction of building and construction material. Califórnia, 1985. p. 51, 52.

PATOLOGIA DA CONSTRUÇÃO CIVIL – PRINCIPAIS CAUSAS - IBAPE. Disponível em: <http://ibapers.org.br/2013/06/patologia-da-construcao-civil-principais-causas>. Acesso em: 12 jun. 2018.

RIBEIRO, R.T.M. *Avaliacão pós-ocupacão aplicada ao patrimônio cultural edificado*. Dissertacão de doutorado apresentada a COPPE/UFRJ, Rio de Janeiro, 2000. Tese (Doutorado) - COPPE/UERJ, Rio de Janeiro.

CAPÍTULO 5

APPLETON, J. *Reabilitação de edifícios antigos*: patologias e tecnologias de intervenção. 2. ed. Porto: Edições Orion, 2011. p. 83, 84, 86, 108.

MANUAL DE CONSERVAÇÃO PREVENTIVA PARA EDIFICAÇÕES. IPHAN, 1999. Disponível em: <http://ipurb.bentogoncalves.rs.gov.br/paginas/documentos-ipurb.> Acesso em: 2 jul. 2018.

CAPÍTULO 6

PISO ELEVADO DE INTERIORES. Disponível em: <https://www.remaster.com.br/piso-elevado-interno>. Acesso em: 12 jul. 2018.

REVESTIMENTOS EM PVC SÃO OPÇÕES PARA PAREDES E FACHADAS. Disponível em: <https://www.aecweb.com.br/cont/m/rev/revestimentos-em-pvc-sao-opcoes-para-paredes-e-fachadas_7038_10>. Acesso em: 10 jul. 2018.

Glossário

CAPÍTULO 1

Benfeitoria: patrimônio ou reparo feito em coisas móveis ou imóveis com o fim de as conservar ou embelezar, melhorar as suas condições de uso ou torná-las mais úteis.

Esquadrias: denominação para as janelas, portas ou portões, venezianas e aberturas similares, existentes nos projetos e construções.

Habitabilidade: estado ou conjunto de condições que permitem a um local ser habitável.

Layout: esboço ou rascunho que mostra a estrutura de distribuição dos componentes que constituem um local.

Malha Urbana: configuração das áreas ocupadas no perímetro urbano de uma cidade.

Patologia: na construção civil, pode-se chamar de patologia os estudos dos danos ocorridos em edificações.

CAPÍTULO 2

Plano de Reforma: modelo sistemático elaborado previamente para gerenciar uma ação/tomada de decisão de uma reforma.

Plano Diretor: instrumento legal que propõe uma política de desenvolvimento urbano e orienta o processo de planejamento de uma cidade.

Sítio Arqueológico: local ou grupo de locais onde existem preservadas evidências de atividades do passado histórico.

Tombamento: ato de reconhecimento do valor histórico de um bem, transformando-o em patrimônio oficial público e, assim, garantindo o respeito à memória local e à manutenção deste.

CAPÍTULO 3

As Built: expressão inglesa que significa "como construído" e que descreve ou representa em figuras o edificado.

In situ: expressão do latim que significa "no lugar" ou "no local", na tradução literal para a língua portuguesa.

Utentes: do latim *utente*, que significa usuário; pessoa que se serve ou desfruta de algo.

CAPÍTULO 4

Benchmark: palavra que vem do inglês e pode ser traduzida para o português como aferição de referências de qualidade de um bem.

Brises e **Marquises:** dispositivos arquitetônicos utilizados para impedir a incidência direta de radiação solar nos interiores de uma edificação, de forma a evitar a manifestação de calor excessivo sem perder a ventilação.

Ciclo de Vida: etapas da vida esperada de uma edificação desde o seu projeto até *"retrofit"*, reabilitação ou descarte.

Edifícios Inteligentes: edificação que tem processos e tecnologias para atender as necessidades contemporâneas com sistemas automatizados no dia a dia dos seus ocupantes.

Pé-direito: diferença entre o nível inferior de piso do pavimento e o nível do teto de um compartimento ou pavimento.

Stakeholders: significa público estratégico e indica uma pessoa ou grupo que tem interesse direto ou indireto em um empreendimento.

Upgrade: significa "atualização" ou "melhoria", utilizada para substituir ou melhorar uma versão antiga para uma mais recente de um determinado produto ou conjunto de benfeitorias.

CAPÍTULO 5

Canopla: peça semiesférica de metal utilizada em acabamento hidráulico.

Cavitação: formação de cavidades (bolhas de vapor ou de gás) pelo fenômeno de vaporização de um líquido confinado devido à redução da pressão.

Cruz de Santo André: estrutura em forma de X formada por peças de madeira ou ferro e que serve para apoiar vigamentos ou amarrar alvenarias.

Geofonia Eletrônica: equipamento de detecção de vazamentos de água com um audiofone para escuta de ruídos.

Gretamento: quando o revestimento em esmalte de uma cerâmica se rompe, em fissuras desencontradas, devido a incompatibilidade na dilatação de sua base com o esmalte.

Hidrófugos: produtos ou agentes químicos que, acrescentados às argamassas e tintas, podem proteger e preservar da umidade as paredes e construções.

Insetos Xilófagos: insetos que se alimentam de madeira.

Lambris: revestimento em paredes executados em módulos de madeira, azulejo ou mármores.

Mastique: tipo de adesivo usado como um agente de ligação e vedação em juntas e trincas no setor de construção civil.

Panos: conjunto de várias fiadas de tijolos ou blocos que forma uma parede de alvenaria. No caso de parede dupla, diz-se parede de dois panos de alvenaria.

Pulverulento: material desagregado, na forma de pó.

Resinas Alquídicas: resinas que secam em exposição por oxidação ao ar ou polimerização por calor.

Shaft: vão vertical interno na construção para passagem de tubulações e instalações.

Tabiques: paredes pouco espessas e leves, sem função estrutural, usadas como elementos divisórios ou de compartimentação, dividindo os espaços entre as paredes principais, por vezes feitas em madeira e gesso.

CAPÍTULO 6

Concreto Projetado: processo contínuo de projeção de concreto ou argamassa sob pressão (ar comprimido) sem a necessidade de formas, bastando apenas uma superfície para o seu lançamento.

Cordão de Poliestileno: polímero obtido pela polimerização do etileno, e aplicado em segmentos para preencher ou vedar aberturas em esquadrias e juntas de edificações.

Condutor Plastichumbo: constituído de dois condutores sólidos de cobre eletrolítico, com isolamento dos condutores e da cobertura à base de PVC tipo BWF.

Edícula: construção complementar à principal.

Graute: tipo específico de concreto, indicado para preenchimento de espaços vazios dos blocos e canaletas, com o objetivo de consolidar a armadura e aumentar a capacidade portante.

Monolitismo: rigidez/estabilidade do conjunto ou de componentes de um bem edificado.

Monta-cargas: pequeno elevador utilizado em algumas casas para movimentar mercadorias, roupas para lavar, entre outras coisas.

Pisos Flutuantes: no mercado, são os chamados pisos laminados, material de revestimento que simula a madeira com alta resistência à abrasão; o carpete de madeira é um material semelhante ao piso laminado, mas com resistência média à abrasão e o piso de madeira natural mesmo.

Placa Hidrófuga: placa de gesso tratada com um agente hidrófugo para diminuir a absorção de água, reforçando a resistência à ação direta da mesma.

Rufo: chapa metálica dobrada que, no encontro de telhados e paredes, evita a penetração das águas da chuva nas construções.

Sistema Hidropneumático: equipamento que serve para impulsionar a água, por pressão, até pontos de um edifício onde é requerido o serviço.